全国机械行业职业教育优质规划教材（高职高专）

经全国机械职业教育教学指导委员会审定

数控加工实训

主　编　郑晓峰　李　庆

参　编　吴亚兰　孙　伟

机械工业出版社

本书共分数控车削加工实训、数控铣削加工实训两篇。数控车削加工实训共计 13 个任务，内容涵盖数控车削加工的典型工艺结构加工训练以及设备日常维护保养和常见故障的处置。数控铣削加工实训共计 15 个任务，内容涵盖数控铣削加工的典型工艺结构加工训练和 UG NX 的 CAM 训练。全书结构紧凑，以典型的产品作为教学载体，引导学习者由理论到实践，由浅及深，由手工编程到自动编程。本书可作为职业院校实践教学用书，也可供相关工程技术人员参考。

本书配有电子课件，凡使用本书作教材的教师可登录机械工业出版社教育服务网（http：//www.cmpedu.com），注册后免费下载。咨询电话：010-88379375。

图书在版编目（CIP）数据

数控加工实训/郑晓峰，李庆主编. —北京：机械工业出版社，2020.4（2024.6 重印）
ISBN 978-7-111-64952-6

Ⅰ. ①数⋯ Ⅱ. ①郑⋯ ②李⋯ Ⅲ. ①数控机床-加工-职业教育-教材 Ⅳ. ①TG659

中国版本图书馆 CIP 数据核字（2020）第 039917 号

机械工业出版社（北京市百万庄大街 22 号 邮政编码 100037）
策划编辑：王英杰 责任编辑：王英杰
责任校对：张晓蓉 封面设计：鞠 杨
责任印制：邰 敏
中煤（北京）印务有限公司印刷
2024 年 6 月第 1 版第 5 次印刷
184mm×260mm·13.75 印张·335 千字
标准书号：ISBN 978-7-111-64952-6
定价：39.80 元

电话服务　　　　　　　　　网络服务
客服电话：010-88361066　　机 工 官 网：www.cmpbook.com
　　　　　010-88379833　　机 工 官 博：weibo.com/cmp1952
　　　　　010-68326294　　金 书 网：www.golden-book.com
封底无防伪标均为盗版　网络教育服务网：www.cmpedu.com

前　言

《中国制造 2025》将数控机床和基础制造装备列为"加快突破的战略必争领域"，其中提出要加强前瞻部署和关键技术突破，积极谋划抢占未来科技和产业竞争制高点，提高国际分工层次和话语权。这一战略目标的提出，是由数控机床和基础制造装备产业的战略特征以及发展阶段特征所决定的，我们应认真学习领会，深入贯彻落实。大力度发展高端装备制造产业是提升我国产业核心竞争力的必然要求，随着高端装备制造领域中应用最为广泛的数控机床的发展，企业急需大量的高端数控技术技能型人才。

本书在内容构建方面，编者以实操项目的典型案例为模块单元，按照学生的学习认知规律和职业岗位成长规律，从简单到复杂，将数控实训内容进行了重新整理和编辑，创新和改造了一批典型又实用的实训案例。在本书编写中注重编程技能的应用，强调机床实操中的关键技术和要点，从实用的角度出发，图文并茂，注意加强对学生学习兴趣的引导。

本书内容深入浅出，有丰富的例题和详尽的操作指导，不仅适合高等职业教育的教学，也适合广大中高级技术技能人员的各类认证培训参考。通过学习本课程并结合实训指导进行练习，学习者能在较短的时间内基本掌握数控机床的操作应用技术。对于第二篇任务五的内容，学习者可以有选择性地学习。

本书由安徽机电职业技术学院郑晓峰、李庆、吴亚兰、孙伟编写，具体编写分工见下表。

任 务 名 称	编者	备注
第一篇　数控车削加工实训		
任务一　认识数控车床	郑晓峰	
任务二　数控车床维护与保养	郑晓峰	
任务三　FANUC 系统数控车床基本操作	郑晓峰	
任务四　数控车削工艺认知	孙伟	
任务五　数控车床编程认知	孙伟	
任务六　外圆、端面的车削加工	吴亚兰	
任务七　槽的车削加工	吴亚兰	
任务八　外圆轮廓面的车削加工	吴亚兰	
任务九　内腔的车削加工	吴亚兰	
任务十　螺纹的车削加工	吴亚兰	
任务十一　带非圆二次曲线的车削加工	吴亚兰	
任务十二　配合件的车削加工	吴亚兰	
任务十三　数控车床常见故障及其排除	郑晓峰	

（续）

任 务 名 称	编者	备注
第二篇　数控铣削加工实训		
任务一　认识数控铣床	郑晓峰	
任务二　数控铣床维护与保养	郑晓峰	
任务三　FANUC 系统数控铣床基本操作	郑晓峰	
任务四　数控铣削工艺认知	孙伟	
任务五　数控铣床编程认知	孙伟	选学
任务六　平面轮廓的铣削加工	李庆	
任务七　型腔的铣削加工	李庆	
任务八　岛屿的铣削加工	李庆	
任务九　孔系的铣削加工	李庆	
任务十　椭圆的铣削加工	吴亚兰	
任务十一　椭球的铣削加工	吴亚兰	
任务十二　CAM 项目（一）	李庆	
任务十三　CAM 项目（二）	李庆	
任务十四　CAM 项目（三）	李庆	
任务十五　CAM 项目（四）	李庆	
附录	郑晓峰	

由于编者水平有限，书中难免存在不妥之处，敬请广大读者批评指正。

编　者

目　录

数控车削加工实训

任务一 认识数控车床

一、学习实训室规章制度

学生实训安全守则

1）应虚心听从指导人员的指导，注意听课和示范。

2）在指定地点进行实训，不得随便离岗走动，打闹嬉戏。

3）实训时要穿工作服，女同学要戴工作帽，长头发要压入帽内，严禁戴手套操作机床，不准穿拖鞋、凉鞋、高跟鞋进入实训场地。

4）未经许可，严禁擅自动手操作机器设备。使用前要检查设备，发现损坏或其他故障应停止操作并及时报告，并填写相关纪录。

5）操作机器时必须绝对遵守该机床的安全操作规程，严禁两人同时操作同一台机床。

6）卡盘扳手使用完毕后，必须及时取下，放到指定安全的位置后方可起动机床。

7）开机后，人不要站在旋转件的切线方向，更不能用手触摸还在旋转的工件或刀具，严禁开机时测量工件尺寸。

8）不准用手直接清除切屑。

9）使用电气设备，必须严格遵守操作规程，防止触电。

10）万一发生事故，首先立即关闭机床电源、气源，及时向指导老师报告，并保护现场，不得自行处置。

11）要做到文明生产，工作结束后，关闭电源，清除切屑，擦拭机床，加油润滑，使用的工件、工具、量具、原材料应摆放整齐，工作场地要保持整洁。

12）在实训中对违反实训规章制度和操作规程，不听指导的学生，指导老师有权停止其实训资格，该实训项目成绩为零。

数控车床安全操作规程

1）实训要穿戴好劳保用品，严禁戴手套操作。

2）开机前检查各手柄的位置，从加油孔注入机油，起动机床慢速运转。

3）操作前，应将刀架移离卡盘，以免发生旋转碰撞。

4）横、纵向移动时，严禁使各滑板超过极限位置。

5）应检查工件、刀具是否安装牢固，应在卡盘转动前取下卡盘扳手。

6）在卡盘旋转的过程中不得用手触碰。

7）车床开动后，严禁任何物体触碰工件。停机后才能进行工件测量。

8）选择合适的切削用量，车刀磨损、崩刃后要及时刃磨。

9）床面、刀架上不得堆放工具、量具、杂物等。应用专用工具清理切屑。

10）服从指导教师的安排，应在编程后经教师审验后才能进行车床操作，以免产生操作失误。

11）工作结束后要关闭机床电源，认真清扫现场。

二、数控车削实训的目的及学习方法

1. 实训目的

通过实训，学生应了解数控车床的一般结构和基本工作原理，掌握数控车床的功能及其操作使用方法，掌握常用功能代码的用法，学会中等复杂程度轴套类零件的手工编程方法，掌握数控加工中的编程坐标系与机床坐标系之间的关系，学会工件、刀具的装夹及对刀方法。巩固并加深工艺、刀具等车削加工相关知识。接受相关生产劳动纪律及安全生产教育，培养良好的职业素养。要求学生通过实训能达到数控车床高级工水平。

2. 学习方法

本课程的显著特点是实践性强，教师在授课过程中，应以数控加工工艺方案的制订和加工程序的编制为主线，将理论教学和实训教学一体化，以典型结构加工为载体，将加工工艺和数控编程融入实训当中，用理论指导操作，使学生在操作中深化对理论知识的理解。将基本技能和技术应用能力训练贯穿于学习的全过程，采用循序渐进、螺旋上升的渐进式目标学习法。通过边学边做的方法来完成学习过程，着重培养发现问题、思考问题、分析问题、解决问题的能力。

同其他知识和技能的学习一样，掌握正确的学习方法对提高数控加工实训的学习效率和质量起着十分重要的作用。下面是几点建议：

1）在实训过程中注重培养规范的操作习惯和严谨、细致的工作作风。

2）将加工过程中所遇到的问题、失误及其解决方法和学习要点记录下来，积累的过程就是提高的过程。

3）重视加工工艺经验的积累，熟悉所使用的机床、刀具、材料的特性，通过实际加工和总结提升实践经验。

三、数控车床典型结构认知

数控车床也是由主轴箱、刀架、进给传动系统、床身、液压系统、冷却系统、润滑系统等部分组成的，只是数控车床的进给系统与普通车床的进给系统在结构上存在着本质上的差别。普通车床主轴的运动经过交换齿轮架、进给箱、溜板箱传递给刀架，实现纵向和横向进给运动。而数控车床是采用伺服电动机，运动经滚珠丝杠传递到滑板和刀架，实现 Z 向（纵向）和 X 向（横向）进给运动。数控车床也有各种螺纹加工功能，主轴旋转与刀架移动间的运动关系由数控系统控制。数控车床主轴箱内安装有脉冲编码器，主轴的运动通过同步带传递到脉冲编码器。当主轴旋转时，脉冲编码器便向数控系统发出检测脉冲信号，使主轴电动机的旋转与刀架的切削进给保持加工螺纹所需的运动关系，即实现加工螺纹时主轴转一转，刀架 Z 向移动一个导程。数控车床的主轴、尾座等部件相对床身的布局形式与普通车床基本一致，但刀架和导轨的布局形式有根本性的变化，这是因为刀架和导轨的布局形式直接影响数控车床的使用性能及机床的结构和外观。另外，数控车床都设有封闭的防护装置。

（1）床身和导轨的布局　按照数控车床床身导轨与水平面的相对位置，共有四种布局形式，如图1-1-1所示。水平床身的机床工艺性好，便于导轨面的加工。水平床身配上水平配置的刀架可提高刀架的运动速度，一般可用于大型数控车床或小型精密数控车床的布局。但是，水平床身下部空间小，导致排屑困难。从结构尺寸上看，刀架水平放置使得滑板横向尺寸较长，从而加大了机床宽度方向的结构尺寸。因此，出现了水平床身配上倾斜放置的滑板并配置倾斜式导轨防护罩的布局形式。一方面，这种布局形式有水平床身机床工艺性好的特点；另一方面，机床宽度方向的尺寸较水平配置滑板的尺寸要小，且排屑方便。

水平床身配上倾斜放置的滑板和斜床身配置斜滑板的布局形式被中小型数控车床普遍采用。这是由于这两种布局形式排屑容易，切屑不会堆积在导轨上，也便于安装自动排屑器；操作方便，易于安装机械手，以实现单机自动化；机床占地面积小，外形简洁、美观，容易实现封闭式防护。

斜床身导轨倾斜的角度可为30°、45°、60°、75°和90°（称为立式床身）等几种。倾斜角度小，排屑不便；倾斜角度大，导轨的导向性差，受力情况也差。导轨倾斜角度的大小还会直接影响机床外形尺寸高度与宽度的比例。综合考虑上面的诸因素，中小规格的数控车床其床身的倾斜度以60°为宜。

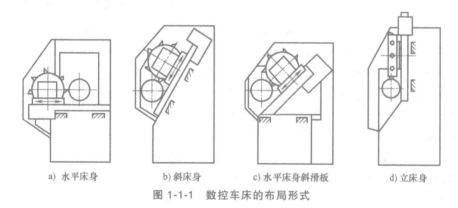

a) 水平床身　　　　b) 斜床身　　　　c) 水平床身斜滑板　　　　d) 立床身

图 1-1-1　数控车床的布局形式

（2）刀架的布局　数控车床的刀架是机床的重要组成部分，刀架是用于夹持切削刀具的，因此，其结构直接影响机床的切削性能和切削效率。在一定程度上，刀架结构和性能还体现了数控车床的设计与制造水平。随着数控车床的不断发展，刀架结构形式也不断创新，但总体来说大致可以分为两大类，即排刀式刀架和转塔式刀架。有的车削中心还采用带刀库的自动换刀装置。

排刀式刀架一般用于小型数控车床，各种刀具排列并夹持在可移动的滑板上，换刀时可实现自动定位。

转塔式刀架也称刀塔或刀台，有立式和卧式两种结构形式。转塔式刀架具有多刀位自动定位装置，通过转塔头的旋转、分度和定位来实现机床的自动换刀动作。转塔式刀架应分度准确、定位可靠、重复定位精度高、转位速度快、夹紧刚性好，可以保证数控车床的高精度和高效率。有的转塔式刀架不仅可以实现自动定位，还可以传递动力。目前，二坐标联动数控车床多采用 12 工位的转塔式刀架，也有采用 6 工位、8 工位、10 工位转塔式刀架的。转塔式刀架在机床上的布局有两种形式：一种是用于加工盘类零件的转塔式刀架，其回转轴垂直于主轴；另一种是用于加工轴类和盘类零件的转塔式刀架，其回转轴平行于主轴。

四坐标控制的数控车床的床身上安装有两个独立的滑板和转塔式刀架，故称为双刀架四坐标数控车床。其中，每个刀架的切削进给量是分别控制的，因此，两刀架可以同时切削同一工件的不同部位，既扩大了加工范围，又提高了加工效率。四坐标数控车床结构复杂，且需要配置专门的数控系统，实现对两个独立刀架的控制，适合加工曲轴、飞机零件等形状复杂、批量较大的零件。

四、数控车床坐标系

数控机床的加工是由程序控制完成的，所以坐标系的确定与使用非常重要。根据 ISO841 标准，数控机床坐标系用右手笛卡儿坐标系作为标准确定。数控车床平行于主轴方向即纵向为 Z 轴，垂直于主轴方向（刀具进给方向）即横向为 X 轴，刀具远离工件方向为正向，Y 轴方向用右手法则确定。如图 1-1-2 所示。

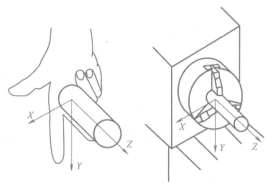

图 1-1-2　数控卧式车床坐标系

数控车床有三个坐标系，即机械坐标系、编程坐标系和工件坐标系。机械坐标系的原点是生产厂家在制造机床时的固定的坐标系原点，也称机械零点。它是在机床装配、调试时已经确定下来的，是机床加工的基准点。在使用中机械坐标系是由参考点来确定的，机床系统启动后，进行返回参考点操作，机械坐标系就建立了。坐标系一经建立，只要不切断电源，坐标系就不会变化。编程坐标系是编程序时使用的坐标系，一般把我们把 Z 轴与工件轴线重合，X 轴放在工件端面上。工件坐标系是机床进行加工时使用的坐标系，它应该与编程坐标系一致。能否让编程坐标系与工件坐标系一致，是操作的关键。

一般机床确定工件坐标系有三种方法。

第一种方法：通过对刀将刀偏值写入参数从而获得工件坐标系。这种方法操作简单，可靠性好，通过刀偏值将工件坐标系与机械坐标系紧密地联系在一起，只要不断电、不改变刀偏值，工件坐标系就会存在且不会变，即使断电，重启后回参考点，工件坐标系还在原来的位置。

第二种方法：用 G50 指令或 G92 指令设定坐标系，对刀后将刀移动到 G50 指令或 G92 指令设定的位置才能加工。对刀时先对基准刀，其他刀的刀偏值都是相对于基准刀的。

第三种方法：在 MDI 参数方式下，运用 G54~G59 指令可以设定六个坐标系，这种坐标系是相对于参考点不变的，与刀具无关。这种方法适用于批量生产且工件在卡盘上有固定装夹位置的加工。

五、常用工、量具的使用

1. 游标卡尺

（1）游标卡尺的结构　游标卡尺可用来测量工件的长度、宽度、深度、外径、内径、其结构如图 1-1-3 所示。

（2）游标卡尺的使用方法与注意事项

使用前应先擦干净两测量爪测量面，合拢两测量爪，检查尺身零线与游标尺零线是否对齐。若未对齐，应根据原始误差修正测量读数。

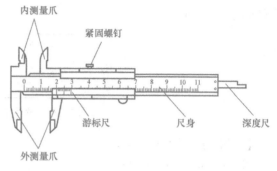

图 1-1-3 游标卡尺的结构

1）握尺方法：用手握住尺身，四个手指抓紧，大拇指按在游标尺的右下侧半圆轮上，并用大拇指轻轻移动游标尺使活动量爪卡紧在被测物体上，略旋紧固定螺钉，再进行读数。

2）注意事项：

① 游标卡尺是比较精密的测量工具，要轻拿轻放，不得碰撞或跌落地下。使用时不要用它来测量粗糙的物体，更不得将游标卡尺当划、刻等其他工具使用，以免损坏量爪。不用时应置于干燥地方，防止锈蚀。

② 测量时，应先拧松紧固螺钉，移动游标尺时不能用力过猛。两量爪与待测物的接触不宜过紧，否则会使测量不准确，并容易损坏卡尺。

③ 测量时，量爪测量面必须与工件的表面垂直或平行，不得歪斜，且用力不能过大，以免量爪变形或磨损，影响测量精度。

④ 测量内径尺寸时，应轻轻摆动，以便找出最大值。

⑤ 读数时，视线应与尺面垂直。如需固定读数，可用紧固螺钉将游标尺固定在尺身上，防止滑动。

⑥ 实际测量时，对同一长度应多测几次，取其平均值来消除偶然误差。

⑦ 游标卡尺使用完毕要擦干净，将两尺零线对齐，检查零点误差是否有变化，再小心放入卡尺专用盒内，存放在干燥的地方。

（3）游标卡尺的读数

1）游标卡尺的刻线方式如图 1-1-4 所示。

尺身上每小格为 1mm，当两量爪合并时，游标尺上的 50 格处刚好与尺身上的 49mm 处对正。

尺身与游标尺每格之差为

$$1mm-49mm/50=0.02mm$$

此差值即为 0.02mm 游标卡尺的测量精度。

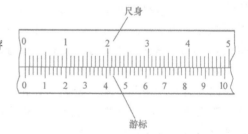

图 1-1-4 游标卡尺的刻线方式

2）读数方法。用游标卡尺测量工件时，读数方法分三个步骤。

① 读出游标尺上零线左侧尺身上的毫米整数，如图 1-1-5 中为 3mm。

② 读出游标尺上哪一条刻线与尺身刻线对齐（第一条零线不算，第二条起每格算 0.02mm）。如图 1-1-5 中游标尺第 6 大格后面的第 3 小格与尺身刻线对齐，根据 0.02mm 游标卡尺的刻线方式 1 大格为 0.1mm，1 小格为 0.02mm，则此时与尺身对齐的示数为 0.66mm。

③ 把尺身和游标尺上的尺寸加起来即为测得尺寸。例如，图 1-1-5 中测得尺寸即为 3mm+0.66mm＝3.66mm。

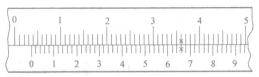

图 1-1-5 游标卡尺读数示例一

【示例 1】 读出图 1-1-6 所示的尺寸。

答：48mm+0.3mm＝48.3mm。

图 1-1-6 游标卡尺读数示例二

2. 外径千尺寸

外径千分尺常简称为千分尺，它是比游标卡尺更精密的长度测量仪器。以量程是 0~25mm、分度值是 0.01mm 的外径千分尺为例，它由固定的尺架、测砧、测微螺杆、固定套管、微分筒、锁紧装置等组成，如图 1-1-7 所示。

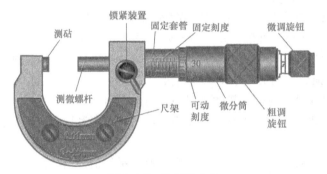

图 1-1-7 外径千分尺

固定套管上有一条水平线，在这条上、下各有一列间距为 1mm 的刻度线，上面的刻度线恰好在下面两相邻刻度线中间。微分筒做旋转运动，其上的刻度线将圆周分为 50 等份。根据螺旋运动原理，当微分筒（又称可动刻度筒）旋转一周时，测微螺杆前进或后退一个螺距 0.5mm。这样，当微分筒旋转一个分度后，它转过 1/50 周，这时测微螺杆沿轴线移动 0.5mm×1/50＝0.01mm。因此，使用千分尺可以准确读出 0.01mm 的数值。

（1）外径千分尺的零位校准 使用千分尺时先要检查其零位是否校准。先松开锁紧装置，清除油污，特别是测砧与测微螺杆的接触面要清理干净。检查微分筒的端面是否与固定套管上的零刻度线重合。若不重合应先旋转旋钮，直至测微螺杆要接近测砧时，旋转测力装置，当螺杆刚好与测砧接触时会听到"喀喀"声，这时停止转动。如两零线仍不重合（两零线重合的标志是：微分筒的端面与固定刻度的零线重合，且可动刻度的零线与固定刻度的水平横线重合），可将固定套管上的小螺钉松动，用专用扳手调节套筒的位置，使两零线对齐，再把小螺钉拧紧。

（2）外径千分尺的读数 读数时，先以微分筒的端面为准线，读出固定套管下刻度线的分度值（只读出以毫米为单位的整数），再以固定套管上的水平横线作为读数准线，读出可动刻度上的分度值，读数时应估读到最小刻度的十分之一，即 0.001mm。如果微分筒的端面与固定刻度的下刻度线之间无上刻度线，测量结果即为下刻度线的数值加可动刻度的值；如果微分筒端面与下刻度线之间有一条上刻度线，测量结果应为下刻度线的数值加上0.5mm，再加上可动刻度的值。如图1-1-8所示，读数为8.382mm；如图1-1-9所示，读数为7.923mm。

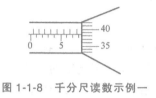
图 1-1-8 千分尺读数示例一

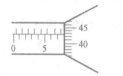
图 1-1-9 千分尺读数示例二

（3）使用千分尺的注意事项

1）千分尺是一种精密的量具，使用时应小心谨慎，动作轻缓，不要让它受到打击和碰撞。千分尺内的螺纹非常精密，使用时要注意旋钮和测力装置在转动时都不能过分用力。

2）当转动粗调旋钮使测微螺杆靠近待测物后，一定要改旋微调旋钮，不能一直转动粗调旋钮使测微螺杆压在待测物上。

3）当测微螺杆与测砧已将待测物卡住时或在旋紧锁紧装置的情况下，绝不能强行转动旋钮。

4）使用千分尺测同一长度时，一般应反复测量几次，取其平均值作为测量结果。

5）为了防止手温使尺架膨胀引起微小的误差，有些千分尺尺架上装有隔热装置。实验时应手握隔热装置，尽量少接触尺架的金属部分。

6）千分尺用毕，应用纱布擦干净，在测砧与测微螺杆之间留出一点空隙，再放入盒中。如长期不用可抹上黄油或机油，放置在干燥的地方。注意不要让它接触腐蚀性的气体。

六、数控车床常用装夹方法（表 1-1-1）

表 1-1-1 数控车床常用装夹方法

装夹方法	特　点	适用范围
自定心卡盘	夹紧力较小,夹持时不需要找正,装夹速度较快	适用于装夹中小型轴类、盘类和套类零件
单动卡盘	夹紧力较大,装夹精度较高,不受卡爪磨损的影响,但夹持工件时需要找正	适用于装夹形状不规则的或大型工件
一夹一顶	定位精度较高,装夹牢靠	适用于装夹较长的或大型工件
两顶尖	用两端中心孔定位,容易保证定位精度,但由于接触面较小,装夹不够牢靠,不宜用于大切削用量加工	可配合中心架加工细长轴

任务二 数控车床维护与保养

数控车床是机、电、液集于一身的设备，具有技术密集和知识密集的特点，是一种自动化程度高、结构复杂且又昂贵的先进加工设备。为了充分发挥其效率，减少故障的发生，必须做好日常维护工作。因此，要求数控车床维护人员不仅要有机械、加工工艺以及液压气动方面的知识，而且要具备电子计算机、自动控制、驱动及测量技术等知识，这样才能全面了解、掌握数控车床，及时搞好维护工作。

一、数控机床主要的日常维护与保养工作内容

1. 选择合适的使用环境

数控车床的使用环境（如温度、湿度、振动、电源电压、频率及干扰等）会影响机床的正常运转，所以在安装机床时应严格按要求做到符合机床说明书规定的安装条件。在经济条件许可的条件下，应将数控车床与普通机械加工设备隔离安装，以便于维修与保养。

2. 为数控车床配备专业人员

这些人员应熟悉所用机床的机械部分、数控系统、强电设备、液压、气压等部分，以及使用环境和加工条件等，并能按机床和系统使用说明书的要求正确使用数控车床。

3. 长期不用数控车床的维护与保养

在数控车床闲置不用时，应经常给数控系统通电，在机床锁住情况下，使其空运行。在空气湿度较大的梅雨季节应该天天通电，利用电器元件本身发热驱走数控柜内的潮气，以保证电子部件的性能稳定可靠。

4. 数控系统中硬件控制部分的维护与保养

每年让有经验的维修电工检查一次。检测有关的参考电压是否在规定范围内，如电源模块的各路输出电压、数控单元参考电压等，若不正常并清除灰尘；检查系统内各电器元件连接是否松动；检查各功能模块所用风扇运转是否正常并清除灰尘；检查伺服放大器和主轴放大器所用的外接式再生放电单元的连接是否可靠，清除灰尘；检测各功能模块所用的存储器后备电池的电压是否正常，一般应根据厂家的要求定期更换。对于长期停用的机床，应每月开机运行 4 小时，这样可以延长数控机床的使用寿命。

5. 机床机械部分的维护与保养

操作者在每班加工结束后，应清扫干净散落于滑板、导轨等处的切屑；在工作时注意检查排屑器是否正常，以免造成切屑堆积，损坏导轨精度，危及滚珠丝杠与导轨的寿命；在工作结束前，应将各伺服轴回归原点后停机。

6. 机床主轴电动机的维护与保养

维修电工应每年检查一次主轴电动机。着重检查其运行噪声、温升。若噪声过大，应查明原因：看是轴承等机械问题还是与其相配的放大器的参数设置问题，据此采取相应措施加以解决。对于直流电动机，应对其电刷、换向器等进行检查、调整、维修或更换，使其工作状态良好。检查电动机端部的冷却风扇运转是否正常并清扫灰尘；检查电动机各连接插头是否松动。

7. 机床进给伺服电动机的维护与保养

对于数控车床的伺服电动机，要每 10 ~ 12 个月进行一次维护保养，加速或者减速变化频繁的机床要每 2 个月进行一次维护保养。维护保养的主要内容有：用干燥的压缩空气吹除电刷上的粉尘，检查电刷的磨损情况，如需更换，需选用规格相同的电刷，更换后要空载运行一定时间使其与换向器表面吻合；检查清扫电枢整流子，以防止短路；如装有测速发电机和脉冲编码器，也要进行检查和清扫。一般应在数控系统断电的情况下，并且直流伺服电动

机已完全冷却的情况下进行检查。取下橡胶刷帽，用螺钉旋具拧下刷盖，取出电刷；测量电刷长度，如 FANUC 直流伺服电动机的电刷由 10mm 磨损到小于 5mm 时，必须更换同一型号的电刷；仔细检查电刷的弧形接触面是否有深沟和裂痕，以及电刷弹簧上是否有打火痕迹。如有上述现象，则要考虑电动机的工作条件是否过分恶劣或电动机本身是否有问题。用不含金属粉末及水分的压缩空气导入装电刷的刷孔，吹净粘在刷孔壁上的电刷粉末。如果难以吹净，可用螺钉旋具尖轻轻清理，直至孔壁全部干净为止，但要注意不要碰到换向器表面。重新装上电刷，拧紧刷盖。如果更换了新电刷，应使电动机空运行磨合一段时间，以使电刷表面和换向器表面相吻合。

8. 机床检测元件的维护与保养

检测元件采用编码器、光栅尺的较多，也有使用感应同步尺、磁尺、旋转变压器等。维修电工每周应检查一次检测元件连接是否松动，是否被油液或灰尘污染。

9. 机床电气部分的维护与保养

具体检查可按如下步骤进行：

1）检查三相电源的电压值是否正常，有无偏相，如果输入的电压超出允许范围则进行相应调整。

2）检查所有电气连接是否良好。

3）检查各类开关是否有效，可借助于数控系统 CRT 显示器的自诊断画面及可编程机床控制器（PMC）、输入/输出模块上的 LED 指示灯检查确认，若不良应更换。

4）检查各继电器、接触器是否工作正常，触点是否完好。可利用数控编程语言编辑一个功能试验程序，通过运行该程序确认各元器件是否完好有效。

5）检验热继电器、电弧抑制器等保护器件是否有效。电气保养应由车间电工实施，每年检查调整一次。电气控制柜及操作面板显示器的箱门应密封，不能用打开柜门使用外部风扇冷却的方式降温。操作者应每月清扫一次电气柜防尘滤网，每天检查一次电气柜冷却风扇或空调运行是否正常。

10. 机床液压系统的维护与保养

各液压阀、液压缸及管子接头是否有外漏；液压泵或液压马达运转时是否有异常噪声等现象；液压缸移动时工作是否正常平稳；液压系统的各测压点压力是否在规定的范围内，压力是否稳定；油液的温度是否在允许的范围内；液压系统工作时有无高频振动；电气控制或撞块（凸轮）控制的换向阀工作是否灵敏可靠，油箱内油量是否在油标刻线范围内；限位开关或限位挡块的位置是否有变动；液压系统手动或自动工作循环时是否有异常现象；定期对油箱内的油液进行取样化验，检查油液质量，定期过滤或更换油液；定期检查蓄能器的工作性能；定期检查冷却器和加热器的工作性能；定期检查和旋紧重要部位的螺钉、螺母、接头和法兰螺钉；定期检查更换密封元件；定期检查清洗或更换液压元件；定期检查清洗或更换滤芯；定期检查或清洗液压油箱和管道。操作者应每周检查液压系统压力有无变化，如有变化，应查明原因，并调整至机床制造厂要求的范围内。操作者在使用过程中，应注意观察刀具自动换刀系统、自动滑板移动系统工作是否正常；液压油箱内油位是否在允许的范围内，油温是否正常，冷却风扇是否正常运转；每月应定期清扫液压油冷却器及冷却风扇上的灰尘；每年应清洗液压油过滤装置；检查液压油的油质，如果失效变质应及时更换，所用油品应是机床制造厂要求品牌或已经确认可代用的品牌；每年检查调整一次主轴箱平衡缸的压力，使其符合出厂要求。

11. 机床气动系统的维护与保养

保证供给洁净的压缩空气。压缩空气中通常都含有水分、油分和粉尘等杂质。其中，水分会使管道、阀和气缸腐蚀；油液会使橡胶、塑料和密封材料变质；粉尘会造成阀体动作失灵。选用合适的过滤器可以清除压缩空气中的杂质，使用过滤器时应及时排除和清理积存的液体，否则，当积存液体接近挡水板时，气流仍可将积存物卷起。保证空气中含有适量的润滑油，大多数气动执行元件和控制元件都要求适度的润滑。润滑的方法一般采用油雾器进行喷雾润滑，油雾器一般安装在过滤器和减压阀之后。油雾器的供油量一般不宜过多，通常每 $10m^3$ 的自由空气供 $1mL$ 的油量（即 $40 \sim 50$ 滴油）。检查润滑是否良好的一个方法是：找一张清洁的白纸放在换向阀的排气口附近，如果阀在工作 $3 \sim 4$ 个循环后，白纸上只有很轻的斑点，表明润滑是良好的。保持气动系统的密封性，因为漏气不仅增加能量的消耗，也会导致供气压力的下降，其至造成气动元件工作失常。如果是严重的漏气，在气动系统停止运行时，由漏气引起的噪声很容易发现；而对于轻微的漏气，则利用仪表或用涂抹肥皂水的办法进行检查。保证气动元件中运动零件的灵敏性。从空气压缩机排出的压缩空气，包含有粒度为 $0.01 \sim 0.08\mu m$ 的压缩机油微粒，在排气温度为 $120 \sim 220℃$ 的高温下，这些油粒会迅速氧化，氧化后油粒颜色变深，黏性增大，并逐步由液态固化成油泥。这种微米级以下的颗粒，一般过滤器无法滤除。当它们进入到换向阀后便附着在阀芯上，使阀的灵敏度逐步降低，其至出现动作失灵。为了清除油泥，保证灵敏度，可在气动系统的过滤器之后安装油雾分离器，将油泥分离出。此外，定期清洗阀也可以保证其灵敏度。保证气动装置具有合适的工作压力和运动速度，调节工作压力时，压力表应当工作可靠，读数准确。减压阀与节流阀调节好后，必须紧固调压阀盖或锁紧螺母，防止松动。操作者应每天检查压缩空气的压力是否正常；过滤器需要手动排水的，夏季应两天排一次，冬季一周排一次；每月检查润滑器内的润滑油是否用完，及时添加规定品牌的润滑油。

12. 机床润滑部分的维护与保养

各润滑部位必须按润滑图定期加油，注入的润滑油必须清洁。润滑处应每周定期加油一次，找出耗油量的规律，发现供油减少时应及时通知维修工检修。操作者应随时注意 CRT 显示器上的运动轴监控画面，发现电流增大等异常现象时，及时通知维修工维修。维修工应每年进行一次润滑油分配装置的检查，发现油路堵塞或漏油应及时疏通或修复。底座里的润滑油必须加到油标的最高线，以保证润滑工作的正常进行。因此，必须经常检查油位是否正确，润滑油应每 $5 \sim 6$ 个月更换一次。由于新机床各部件的初磨损较大，所以，第一次和第二次换油的时间应提前到每月换一次，以便及时清除污物。废油排出后，箱内应用煤油冲洗干净（包括主轴箱及底座内油箱），同时清洗或更换过滤器。

13. 可编程机床控制器的维护与保养

主要检查控制器的电源模块的电压输出是否正常；输入/输出模块的接线是否松动；输出模块内各路熔断器是否完好；后备电池的电压是否正常，必要时进行更换。对控制器输入/输出点的检查可利用 CRT 显示器上的诊断画面。采用置位复位的方式检查，也可用运行功能试验程序的方法检查。

14. 其他部位的维护与保养

1）有些数控系统的参数存储器是采用 CMOS 元件，其存储内容在断电时靠电池带电保持。

2）一般应在一年内更换一次电池，并且一定要在数控系统通电的状态下进行，否则会使存储参数丢失，导致数控系统不能工作。

3）及时清扫。如空气过滤器的清扫，电气柜的清扫，印制线路板的清扫。

4）X 轴、Z 轴进给部分的轴承润滑脂，应每年更换一次，更换时，一定要把轴承清洗干净。

5）自动润滑泵里的过滤器，每月清洗一次，各个刮屑板，应每月用煤油清洗一次，发现损坏时应及时更换。

二、数控车床维护与保养一览表（表1-2-1）

表 1-2-1　数控车床维护与保养一览表

序号	检查周期	检查部位	检查内容
1	每天	导轨润滑机构	油标、润滑油泵，每天使用前手动打油润滑导轨
2	每天	导轨	清理切屑及脏物，检查滑动导轨有无划痕，检查滚动导轨润滑情况
3	每天	油箱液压系统	油箱液压泵有无异常噪声，工作油面高度是否合适，压力表指示是否正常，有无泄漏
4	每天	主轴润滑油箱	检查油量、油质、温度、有无泄漏
5	每天	液压平衡系统	工作是否正常
6	每天	气源自动分水过滤器、自动干燥器	及时清理分水过滤器中过滤出的水分，检查压力
7	每天	电器箱散热、通风装置	冷却风扇工作是否正常，过滤器有无堵塞，及时清洗过滤器
8	每天	各种防护罩	有无松动、漏水，特别是导轨防护装置
9	每天	机床液压系统	液压泵有无噪声，压力表接头有无松动，油面是否正常
10	每周	空气过滤器	坚持每周清洗一次，保持无尘、通畅，发现损坏及时更换
11	每周	各电气柜过滤网	清洗粘附的尘土
12	半年	滚珠丝杠	清洗丝杠上的旧润滑脂，换新润滑脂
13	半年	液压油路	清洗各类阀、过滤器，清洗油箱底，换油
14	半年	主轴润滑油箱	清洗过滤器、油箱，更换润滑油
15	半年	各轴导轨上的镶条、压紧滚轮	按说明书要求调整松紧状态
16	一年	检查和更换电动机电刷	检查换向器表面，去除毛刺，吹净碳粉，磨损过多的电刷应及时更换
17	一年	切削液泵过滤器	清洗切削液池，更换过滤器
18	不定期	主轴电动机冷却风扇	除尘，清理异物
19	不定期	运屑器	清理切屑，检查是否卡住
20	不定期	电源	供电网络大修，停电后检查电源的相序、电压
21	不定期	电动机传动带	调整传动带松紧
22	不定期	刀库	刀库定位情况，机械手相对主轴的位置
23	不定期	切削液箱	随时检查液面高度，及时添加切削液，太脏应及时更换

任务三 FANUC 系统数控车床基本操作

一、FANUC 系统数控车床面板（图 1-3-1）

FANUC 系统数控车床面板由 CRT 显示器（图 1-3-2）、编辑区（图 1-3-3 和图 1-3-4）和机床控制区（图 1-3-5）组成。

1. 显示器

根据所按功能键的不同，CRT 显示器可显示机床坐标值、程序、刀补库、系统参数、报警信息和走刀路线等。此外，针对所选功能键，在 CRT 显示器的下方会显示不同的软键，用户可通过这些软键实现对相应信息的查阅和修改，如图 1-3-2 所示。

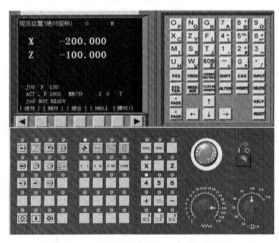

图 1-3-1 FANUC 系统数控车床面板

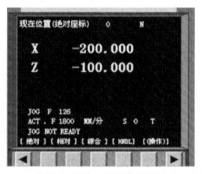

图 1-3-2 CRT 显示器

2. 编辑区

（1）数字/字母键 数字/字母键（图 1-3-3、图 1-3-4）用于输入数据到输入区域，字母键和数字键可通过 SHIFT 键切换输入，如 O—P、7—A。

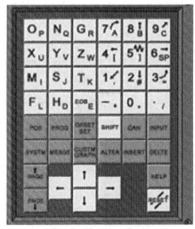

图 1-3-3 MDI 键盘

图 1-3-4 数字/字母键

（2）MDI 键盘　如图 1-3-3 所示，各部分的名称和作用如下：

▐ALTER▐ 替换键：用输入的数据替换光标所在的数据。

▐DELTE▐ 删除键：删除光标所在的数据；或者删除一个程序；或者删除全部程序。

▐INSER▐ 插入键：把输入区域中的数据插入到当前光标之后的位置。

▐CAN▐ 取消键：消除输入区域内的数据。

▐INPUT▐ 输入键：把输入区域内的数据输入参数界面。

▐EOB E▐ 回车换行键：结束一行程序的输入并且换行。

▐SHIFT▐ 上档键。

（3）主功能键

▐POS▐ 位置显示键：用于显示当前的位置。显示方式有三种，用 PAGE 键选择。

▐PROG▐ 程序显示与编辑键：用于显示程序，在不同工作方式下显示不同的内容。

1）在自动运行方式下，显示正在执行的程序。

2）在 MDI 方式下，显示 MDI 方式下输入的程序和模态数据。

▐OFFSET SET▐ 参数输入键：用于设定、显示刀具补偿值和其他数据。按第一次进入坐标系设置界面，按第二次进入刀具补偿参数界面。进入不同的界面以后，用 PAGE 键切换。

▐SYSTM▐ 系统参数键：用于系统参数的设定和显示。

▐MESGE▐ 信息键：用于显示各种信息，如"报警"。

▐CUSTM GRAPH▐ 图形参数设置键：用于用户宏界面或图形的显示。

（4）系统帮助键 ▐HELP▐

（5）复位键 ▐RESET▐

（6）翻页键（PAGE）

▐↑ PAGE▐ 向上翻页；▐PAGE ↓▐ 向下翻页。

（7）光标移动键

▐↑▐ 向上移动光标；▐←▐ 向左移动光标；▐↓▐ 向下移动光标；▐→▐ 向右移动光标。

3. 机床控制区（图 1-3-5）

（1）机床运动方式选择键

▐→▐ AUTO：进入自动加工模式。

▐◇▐ EDIT：用于直接通过操作面板输入数控程序和编辑程序。

▐◆▐ MDI：手动数据输入。

▐↓▐ DNC：用 RS232 电缆线连接计算机和数控机床，选择数控程序文件传输。

▐◉▐ REF：回参考点。

▐WWW▐ JOG：手动方式，手动连续移动工作台或者刀具。

▐WWW▐ INC：增量进给。

：手轮方式移动工作台或刀具。

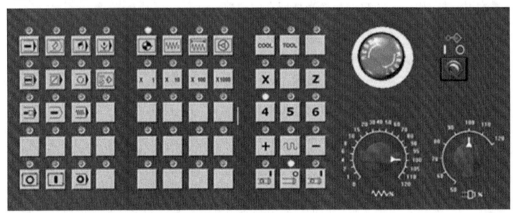

图 1-3-5　机床控制区

（2）数控程序运行控制开关

程序运行开始。模式选择旋钮在"AUTO"和"MDI"位置时按下有效，其余时间按下无效。

程序运行停止。在数控程序运行中，按下此键停止程序运行。

（3）主轴手动控制开关

手动开机床主轴，正转。

手动开机床主轴，反转。

手动关机床主轴。

（4）手动移动机床工作台键

（5）单步进给量控制键　该键用于选择手动移动工作台时每一步的距离。为 0.001mm，为 0.01mm，为 0.1mm，为 1mm。

（6）进给速度（F）调节旋钮　如图 1-3-6 所示，利用该旋钮可调节数控程序运行中的进给速度，调节范围为 0~120%。置光标于旋钮上，单击鼠标转动。

（7）主轴速度调节旋钮　如图 1-3-7 所示，利用该旋钮可调节主轴速度，速度调节范围为 50%~120%。

图 1-3-6　进给速度（F）调节旋钮

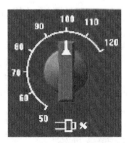

图 1-3-7　主轴速度调节旋钮

（8）手轮　把光标置于手轮（图1-3-8）上，单击鼠标左键，按"+"键手轮顺时针转，机床往正方向移动；按"−"键，手轮逆时针转，机床往负方向移动。

（9）其他控制键

单步执行开关：每按一次执行一条数控指令。

程序段跳读：自动方式按下此键，程序执行过程中跳过程序段开头带有"/"符号程序段。

程序停止：自动方式下按下此键，遇到M00指令时程序停止运行。

图1-3-8　手轮

机床空转：按下此键，各轴以固定的速度运动。

切削液开关 COOL：按下此键，切削液开；再按一下，切削液关。

在刀库中选刀 TOOL：按下此键，刀库中选刀。

程序编辑开关：置于"ON"位置，可编辑程序。

程序重启动：由于刀具破损等原因程序运行自动停止后，可以从指定的程序段重新启动。

程序锁开关：按下此键，机床各轴被锁住。

二、手动操作机床

1. 回参考点

1）选择"回参考点"方式。

2）按下+X键，松开后直到 X 轴原点指示灯不再闪烁。

3）按下+Z键，松开后直到 Z 轴原点指示灯不再闪烁。

2. 移动机床

手动移动机床轴的方法有三种。

（1）手动进给（JOG）模式下移动机床。

1）选择"手动"方式。

2）选择"X""Z"轴，按住方向键"−""+"，机床各轴沿相应方向移动，松开后停止移动。

（2）手动进给（JOG）模式下快速移动机床

1）选择"手动"方式。

2）选择不同的快速移动倍率，机床的移动速度不一样，可通过机床参数进行调整。

3）选择"X""Z"轴，按住"快移"键的同时按住方向键"−""+"，机床各轴沿相应方向快速移动，松开后停止移动。

（3）手轮脉冲模式（简称：手脉）下移动机床　这种方法用于微量调整。在实际生产中，使用手脉可以让操作者容易控制和观察机床移动。

1）选择"手轮"方式。

2）旋转"X""Z"轴对应的手轮，产生相对的运动。旋转一格，对应不同手轮倍率，

"×1"为0.001mm，"×10"为0.01mm，"×100"为0.1mm，"×1000"为1mm。

3. 开关主轴

1）选择"手轮"、"手动"（JOG）、"回参考点"任一方式。

2）按主轴正转键、主轴反转键或主轴停止键。

4. 启动程序加工零件

1）选择"自动运行"方式。

2）选择一个程序（参照上面介绍选择程序方法）。

3）按下"循环启动"键。

5. 试运行程序

试运行程序时，机床和刀具不切削零件，仅运行程序。

1）选择"自动运行"方式，此时要将机床锁住。

2）选择一个程序如"O0010"，按 ↓ 键调出程序。

3）按下"循环启动"键。

6. 单步运行

1）按下单步执行开关。

2）程序运行过程中，每按一次"循环启动"键执行一条程序指令。

7. 新建一个程序（程序名不能重名）

1）选择"编辑"方式。

2）按 PROG 键输入程序名，如"O0010"。

3）按 INSERT 键，然后再按 EOB/E 键，再按 INSERT 键。

8. 选择一个程序

1）选择"编辑"方式。

2）按 PROG 键输入程序名，如"O0010"。

3）按 ↓ 键开始搜索，找到后O0010程序并将其显示在屏幕右上角程序号的位置。

9. 删除一个程序

1）选择"编辑"方式。

2）按 PROG 键输入程序名，如"O0010"。

3）按 DELTE 键，O0010程序被删除。

10. 删除全部程序

1）选择"编辑"方式。

2）按 PROG 键输入"0-9999"。

3）按 DELTE 键，全部程序被删除。

11. 搜索一个指定的代码

一个指定的代码可以是一个字母或一个完整的代码，如"N0010""M""F""G03"等。搜索应在当前程序内进行。操作步骤如下：

1）选择"编辑"方式或"自动运行"方式。

2）按 PROG 键，选择一个程序。

3）输入需要搜索的字母或代码，如"M""F"或"G03"。

4）在 CRT 显示器上按软键████████，开始在当前程序中搜索。

12. 程序的其他编辑操作

选择"编辑"方式。

移动光标：方法一，按 █ 键或 █ 键翻页，按 █ 键或 █ 键移动光标；方法二，用搜索一个指定代码的方法移动光标。

输入数据：单击数字/字母键，将数据输入到输入域。█ 键可用于删除输入域内的数据

自动生成程序段号：按 █→█████ 键，如图 1-3-9 所示，在参数界面"顺序号"一栏中输入"1"，自动生成程序段号。

13. 输入刀具补偿参数

1）按 █ 键进入参数设定界面，按"补正"软键，如图 1-3-10 所示。

2）用 █████ 软键和 █████ 软键选择形状补偿或磨损补偿。

3）用 █ 键或 █ 键选择补偿编号。

4）输入补偿值后按"测量"软键，把输入域中的内容输入到所指定的位置。

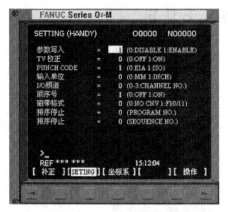

图 1-3-9　车床参数界面

图 1-3-10　刀具补正界面

14. 位置显示

按 █ 键切换到位置显示界面，用软键切换，如图 1-3-11 所示。

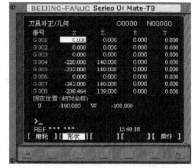

图 1-3-11　位置显示切换

15. MDI 手动数据输入

1）选择"MDI"方式。

2）按 █ 键，再按 ████████ 软键后，默认程序名为"O0000"，再按 █ 键。

3）手动输入程序。

4）按下"循环启动"键后，即可运行程序。

16. 坐标系

绝对坐标系：显示机床在当前坐标系中的位置。

相对坐标系：显示机床坐标相对于前一位置的坐标。

机械坐标系：机床固有的坐标系，机床出厂后就设定好的。

综合显示：同时显示机床在以上坐标系中的位置，如图 1-3-12 所示。

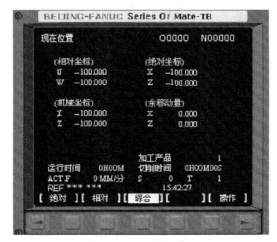

图 1-3-12　综合显示

任务四　数控车削工艺认知

一、车刀的种类

1. 按用途分

（1）外圆车刀　如图 1-4-1a 、b 所示，主偏角一般为 75° 和 90°，用于车削外圆表面和台阶。

（2）端面车刀　如图 1-4-1c 所示，主偏角一般为 45°，用于车削端面和倒角，也可用来车外圆。

（3）切断刀、切槽刀　如图 1-4-1d 所示，用于切断工件或车沟槽。

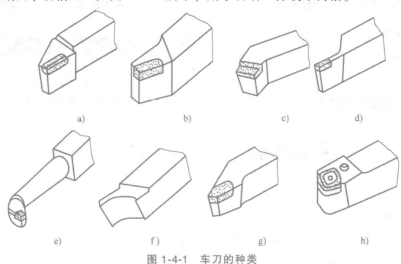

图 1-4-1　车刀的种类

（4）镗孔刀　如图1-4-1e所示，用于车削工件的内圆表面，如圆柱孔、圆锥孔等。

（5）成形刀　如图1-4-1f所示，有凹、凸之分，用于车削圆角和圆槽或者各种特形面。

（6）内、外螺纹车刀　用于车削外圆表面的螺纹和内圆表面的螺纹。图1-4-1g所示为外螺纹车刀。

2. 按结构分

（1）整体式车刀　如图1-4-1f所示，整体式车刀的刀头部分和刀杆部分均为同一种材料。用作整体式车刀的刀具材料一般是高速工具钢。

（2）焊接式车刀　刀头部分和刀杆部分分属两种材料，即在刀杆上镶焊硬质合金刀片，然后经刃磨而成。图1-4-1a、b、c、d、e、g所示均为焊接式车刀。

（3）机械夹固式车刀　刀头部分和刀杆部分分属两种材料。它是将硬质合金刀片用机械夹固的方法固定在刀杆上，如图1-4-1h所示。机械夹固式车刀又分为机夹重磨式车刀和机夹不重磨式车刀两种。图1-4-2所示即是机夹重磨式车刀，图1-4-3所示为机夹不重磨式车刀。两者区别在于：后者刀片形状为多边形，即多条切削刃，多个刀尖，用钝后只需将刀片转位即可使新的刀尖和切削刃进行切削而不须重新刃磨；前者刀片则只有一个刀尖和一个切削刃，用钝后就必须要刃磨。

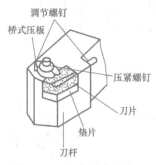

图1-4-2　机夹重磨式车刀

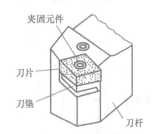

图1-4-3　机夹不重磨式车刀

目前，机械夹固式车刀应用比较广泛，尤其在数控车床上的应用更为广泛，主要用于车削外圆、端面、切断、镗孔、车内外螺纹等。

二、常用车刀的用途

如图1-4-4所示，外圆车刀（90°偏刀、75°偏刀、60°偏刀）用于车外圆和台阶；端面车刀（45°弯头刀）用于车端面；切刀用于切槽和切断；螺纹车刀用于车内外螺纹；镗孔刀用于车内孔；滚花刀用于滚网纹和直纹；圆弧车刀用于车特形面。

三、车刀的组成

车刀由刀头和刀杆两部分组成。刀头用于切削，又称切削部分；刀杆用于把车刀装夹在刀架上，又称夹持部分。

车刀刀头在切削时直接接触工件，它具有一定的几何形状。图1-4-5所示为三种不同几何形状刀头的车刀。

（1）前刀面　它是刀具上切屑流过的表面。

（2）主后刀面　同工件上加工表面相互作用或相对应的表面。

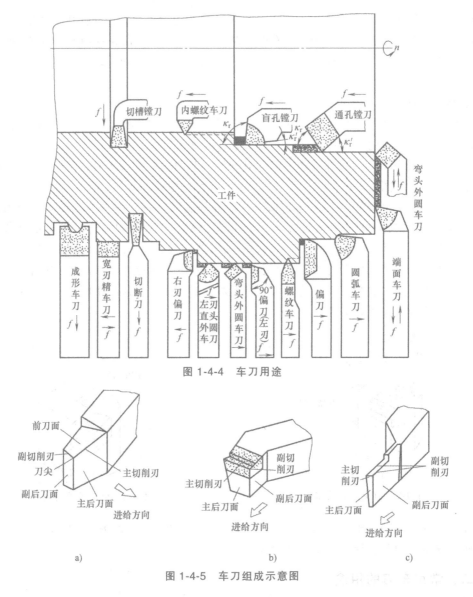

图 1-4-4　车刀用途

图 1-4-5　车刀组成示意图

（3）副后刀面　同工件上已加工表面相互作用或相对应的表面。

（4）主切削刃　它是前刀面与主后刀面相交的交线部位。

（5）副切削刃　它是前刀面与副后刀面相交的交线部位。

（6）刀尖　主、副切削刃相交的交点部位。为了提高刀尖的强度和刀具寿命，往往把刀尖刃磨成圆弧形和直线形的过渡刃。

（7）修光刃　副切削刃近刀尖处一小段平直的切削刃。修光刃应与进给方向平行且长度大于工件每转一转车刀沿进给方向的移动量，才能起到修光作用。

以上即是俗称的车刀切削部分的"三面两刃一尖"，如图 1-4-6 所示。

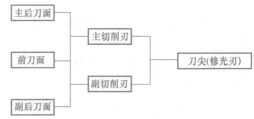

图 1-4-6　车刀切削部分组成

四、车刀材料应具备的性能

车刀切削部分在工作时要承受较大的切削力和较高的切削温度，以及摩擦、冲击和振动，因此车刀材料应具备以下性能：

（1）硬度　硬度是刀具材料应具备的基本性能。刀具材料的硬度要高于被加工材料的硬度，一般地说常温硬度须在 60HRC 以上。

（2）耐磨性　即材料抵抗磨损的能力。耐磨性是刀具材料的力学性能、组织结构和化学性能的综合反映。一般说来硬度越高，耐磨性就越好。

（3）耐热性　指在高温下能保持材料硬度、耐磨性、强度和韧性不变而不失切削性能。耐热性可用高温硬度表示，也可用热硬性（维持刀具材料切削性能的最高温度限度）表示。高温硬度越高，则刀具切削性能越好，允许的切削速度就越高。它是衡量刀具材料性能的主要标志。同时，刀具材料在高温下还应具有抗氧化、抗粘结、抗扩散的能力，即具有良好的化学稳定性。

（4）强度和韧性　由于承受冲击力、切削力和振动，所以要求刀具材料应具有足够的强度和韧性。强度用抗弯强度表示；韧性用冲击值表示。

（5）工艺性　为了便于刀具的制造，要求其材料具有良好的可锻性、焊接性、热处理性能、高温塑性变形性能和可磨削加工等性能。

此外，还应考虑到刀具材料的经济性。

五、车刀的使用安装

设计或者刃磨得很好的车刀，如果安装不正确就会改变车刀应有的角度，直接影响工件的加工质量，严重时甚至无法进行正常切削。所以，使用车刀的同时必须正确安装车刀。

1. 刀头伸出不宜太长

车刀在切削过程中承受很大的切削力，刀头伸出太长，会导致刀杆刚性不足，极易产生振动而影响切削。所以，车刀刀头伸出的长度应以满足使用要求为原则，一般不超过刀杆高度的两倍。

图 1-4-7a 所示为安装正确方法；图 1-4-7b 中的刀杆伸出较长，不正确；图 1-4-7c 中的刀头悬空且伸出太长，安装不正确。

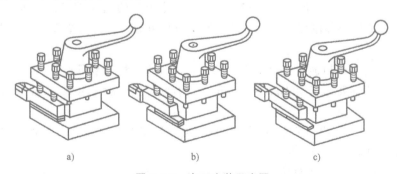

a)　　　　　　　　　　b)　　　　　　　　　　c)

图 1-4-7　车刀安装示意图

2. 车刀刀尖高度要对中

车刀刀尖要与工件回转中心高度一致。高度不一致会使切削平面和基面变化而改变车刀应有的静态几何角度，从而影响正常的车削，甚至会使刀尖或切削刃崩裂。车刀装得过高或过低均不能正常切削工件。

3. 车刀放置要正确

车刀在刀架上放置的位置要正确。加工外表面的刀具在安装时其中心线应与进给方向垂直，加工内孔的刀具在安装时其中心线应与进给方向平行，否则会使主、副偏角发生变化而影响车削。

4. 要正确选用刀垫

刀垫的作用是垫起车刀使刀尖与工件回转中心高度一致。刀垫要平整，选用时要做到以少代多、以厚代薄；其放置要正确。如图 1-4-7b 所示，刀垫放置不应缩回到刀架中去，使车刀悬空，不正确；图 1-4-7c 中的两块刀垫均使车刀悬空，安装不正确；图 1-4-7a 所示为正确安装。

5. 安装要牢固

车刀在切削过程中承受一定的切削力，如果安装不牢固，就会松动移位，发生意外。所以，使用压紧螺钉紧固车刀时不得少于两个且要可靠。

各类车刀的具体安装须结合教学实际操作讲解。

六、切削用量的选择

切削用量包括切削速度 v_c、进给量 f 和背吃刀量 a_p 三个要素。切削用量的选定需综合考虑生产率、加工质量，同时需兼顾刀具寿命等因素。一般情况下，粗加工时以提高生产率为主，因此首先选择尽可能大的背吃刀量，然后根据机床动力和工艺系统刚度选择较大的进给量，最后通过计算或查表确定切削速度。精加工时，以保证加工精度、表面质量为主，应首先根据加工余量确定背吃刀量，然后根据表面质量要求等因素选定进给量，最后通过计算或查表确定切削速度。需要注意的是，选定的切削用量往往还需通过试切才能更好地得到优化。

1. 背吃刀量 a_p 的确定

背吃刀量 a_p 即垂直于进给运动方向测量的切削层最大尺寸，一般指工件已加工表面和待加工表面间的垂直距离。

粗加工时（表面粗糙度值 $Ra50 \sim 12.5\mu m$），背吃刀量的选择需考虑机床、夹具、刀具、工件构成的工艺系统整体刚度，在允许的情况下应尽可能一次切除全部余量，背吃刀量一般可取 $2 \sim 6mm$。

半精加工时（表面粗糙度值 $Ra6.3 \sim 3.2\mu m$），背吃刀量一般可取 $0.3 \sim 2mm$。

精加工时（表面粗糙度值 $Ra1.6 \sim 0.8\mu m$），背吃刀量一般可取 $0.1 \sim 0.3mm$。

注意：

① 加工余量较大，或因分布不均造成局部型面加工余量较大时，粗加工需多次进给切削，背吃刀量的选择应逐渐递减。

② 精加工时，为避免零件表面质量受到影响，刀具不宜停顿，需要控制刀具连续走刀切削。

2. 进给量 f 的确定

进给量是指刀具相对工件在进给运动方向上的位移量，一般用 f 表示，单位为 mm/r。

进给速度 v_f 与进给量 f 可通过下列公式相互转换：

$$v_f = fn$$

式中 v_f——进给速度 （mm/min）；

n——主轴转速 （r/min）。

粗加工时，进给量的选择主要根据工件材料、刀杆尺寸、背吃刀量等因素确定，一般可选取 $f = 0.3 \sim 0.6$ mm/r。

半精加工、精加工时，进给量的选择需考虑工件表面粗糙度、加工精度要求等因素，根据预先估计的切削速度、刀尖圆弧半径等参数确定。一般可选取 $f = 0.08 \sim 0.3$ mm/r。

3. 主轴转速 n 的确定

在背吃刀量和进给量确定之后，通过查表选定切削速度。需注意的是查表获取的切削速度是一个可选范围，在实际中，切削速度的选定需考虑以下几个方面：

1）精加工时，应尽量避免积屑瘤产生对应的切削速度。

2）因零件不规则形成断续切削时，为减小冲击，应选择较低的切削速度。

3）切削大尺寸工件、细长工件和薄壁件时，应选择较低的切削速度。

4）加工带有外皮的工件时，应选择较低的切削速度。

5）粗加工时宜选择较小的切削速度，精加工时宜选择较大的切削速度。

在确定切削速度后，主轴转速为

$$n = \frac{1000 v_c}{\pi D}$$

式中 n——主轴转速 （r/min）；

v_c——切削速度 （m/s），一般按零件和刀具材料及加工性质等条件查切削用量表所得；

D——零件待加工表面的直径 （mm）。

粗加工时，计算公式中 D 应为毛坯直径；精加工时，计算公式中 D 应为零件尺寸中的最大直径。

七、车削加工工艺路线分析

工艺分析是数控车削加工的前期工艺准备工作。工艺制订得合理与否，对程序的编制、机床的加工效率和零件的加工精度都有重要影响。为了编制出一个合理的、实用的加工程序，编程者不仅要了解数控车床的工作原理、性能特点及结构，掌握编程语言及编程格式，还应熟练掌握工件加工工艺，确定合理的切削用量，正确地选用刀具和工件装夹方法。因此，应遵循一般的工艺原则并结合数控车床的特点，认真而详细地进行数控车削加工工艺分析。其主要内容有：根据图样分析零件的加工要求及其合理性；确定工件在数控车床上的装夹方式、各表面的加工顺序、刀具的进给路线，以及刀具、夹具和切削用量的选择等。

1. 零件图分析

零件图分析是制订数控车削工艺的首要任务，主要内容包括尺寸标注方法分析、轮廓几何要素分析以及精度和技术要求分析。此外，还应分析零件结构和加工要求的合理性，选择工艺基准。

（1）尺寸标注方法分析　零件图上的尺寸标注方法应适应数控车床的加工特点，以同一基准标注尺寸或直接给出坐标尺寸为好。这种标注方法既便于编程，又有利于设计基准、工艺基准、测量基准和编程原点的统一。如果零件图上各方向的尺寸没有统一的设计基准，可考虑在不影响零件精度的前提下选择统一的工艺基准，然后计算并转化各尺寸，以简化编程计算。

（2）轮廓几何要素分析　手工编程时，要计算每个节点坐标；自动编程时，要对零件轮廓的所有几何元素进行定义。因此在零件图分析时，要分析几何要素的给定条件是否充分。

（3）精度和技术要求分析　对零件精度和技术要求进行分析，是零件工艺分析的重要内容，只有在分析零件尺寸精度和表面粗糙度的基础上，才能正确合理地选择加工方法、装夹方式、刀具及切削用量等。其主要内容包括：分析精度及各项技术要求是否齐全，是否合理；分析本工序的数控车削加工精度能否达到图样要求，若达不到，允许采取其他加工方式弥补时，应给后续工序留有余量；对图样上有位置精度要求的表面，应保证在一次装夹下完成；对表面粗糙度要求较高的表面，应采用恒线速度切削。注意在车削端面时，应限制主轴最高转速。

2. 划分工序及拟订加工顺序

（1）工序划分的原则　在数控车床上加工零件，常用的工序的划分原则有两种。

1）保持精度原则。工序一般要求尽可能地集中，粗、精加工通常会在一次装夹中全部完成。为减少热变形和切削力变形对工件的形状、位置精度、尺寸精度和表面粗糙度的影响，应将粗、精加工分开进行。

2）提高生产率原则。为减少换刀次数，节省换刀时间，提高生产率，应将需要用同一把刀加工的部位都完成后，再换另一把刀来加工其他部位，同时应尽量减少空行程。

（2）确定加工顺序　制订加工顺序一般遵循下列原则：

1）先粗后精。按照粗车—半精车—精车的顺序进行，逐步提高加工精度。

2）先近后远。离对刀点近的部位先加工，离对刀点远的部位后加工，以便缩短刀具移动距离，减少空行程时间。此外，先近后远车削还有利于保持坯件或半成品的刚性，改善其切削条件。

3）内外交叉。对既有内表面又有外表面需加工的零件，应先进行内外表面的粗加工，后进行内外表面的精加工。

4）基面先行。用作精基准的表面应优先加工出来，用作定位基准的表面越精确，装夹误差就越小。

任务五　数控车床编程认知

一、程序的一般结构

一个完整的数控程序由程序名、程序体、程序结束三部分组成。其中程序体由若干个程序段组成每个程序段由若干个指令构成。

华中数控系统中，在输入程序之前需先建立文件（文件名以字母"O"开头），然后在文件中编辑程序。程序名一般以"%"后跟 1~4 位数字作为程序的起始符，如"%123"。

一个程序段由程序段号和若干个"字"组成，一个"字"由地址符和数组成。例如：

$$N70 \qquad G01 \qquad X0 \qquad F50 \qquad ;$$
程序段号　　功能字　　坐标字　　进给速度功能字　　程序段结束换行

二、辅助功能 M

辅助功能由地址字 M 和其后的一或两位数字组成，主要用于控制零件程序的走向，以及机床各种辅助功能的开关动作。

M 功能有非模态 M 功能和模态 M 功能两种形式。非模态 M 功能只在书写了该代码的程序段中有效；模态 M 功能又称续效代码，是一组可相互注销的 M 功能，这些功能在被同一组的另一个功能注销前一直有效。

模态 M 功能组中包含一个默认功能（表 1-5-1 中用▶示出），系统上电时即被初始化为该功能。另外，M 功能还可分为前作用 M 功能和后作用 M 功能两类。前作用 M 功能是在程序段编制的轴运动之前执行；后作用 M 功能是在程序段编制的轴运动之后执行。

表 1-5-1　M 代码及其功能

代码	模态	功能说明	代码	模态	功能说明
M00	非模态	程序停止	M07	模态	切削液打开
M02	非模态	程序结束	M09	模态	▶切削液关闭
M03	模态	主轴正转起动	M30	非模态	程序结束并返回程序起点
M04	模态	主轴反转起动	M98	非模态	调用子程序
M05	模态	▶主轴停止转动	M99	非模态	子程序结束
M06	非模态	换刀			

注：标▶为默认值。

1. 程序暂停指令 M00

当数控系统执行到 M00 指令时，将暂停执行当前程序，以方便操作者进行刀具和工件的尺寸测量、工件调头、手动变速等操作。暂停时，机床的进给停止，而全部现存的模态信息保持不变。如果要继续执行后续程序，重按操作面板上的"循环启动"键。M00 指令为非模态后作用 M 功能。

2. 程序结束指令 M02

M02 指令一般放在主程序的最后一个程序段中。当数控系统执行到 M02 指令时，机床的主轴运动、进给运动、切削液全部停止，加工结束。使用 M02 指令的程序结束后，若要重新执行该程序，就得重新调用该程序，或在自动加工子菜单下按<F4>键，然后再按操作面板上的"循环启动"键。M02 指令为非模态后作用 M 功能。

3. 程序结束并返回零件程序头指令 M30

M30 指令和 M02 指令功能基本相同，只是 M30 指令还兼有控制返回零件程序头的作用。使用 M30 指令的程序结束后，若要重新执行该程序，只需再次按操作面板上的"循环启动"键。

4. 子程序调用指令 M98 及从子程序返回指令 M99

M98 指令用来调用子程序。M99 指令表示子程序结束,执行 M99 指令使控制返回主程序。

(1) 子程序的格式

% * * * *

M99

在子程序开头,必须规定子程序号,以作为调用入口地址。在子程序的结尾用 M99 指令,以控制执行完该子程序后返回主程序。

(2) 调用子程序的格式

$$M98 \quad P \underline{\quad} \quad L \underline{\quad}$$

式中　P——被调用的子程序号;

　　　L——重复调用次数。

5. 主轴控制指令 M03、M04、M05

执行 M03 指令,起动主轴并以程序中编制的主轴速度顺时针方向(从 Z 轴正向向 Z 轴负向看)旋转。执行 M04 指令,起动主轴并以程序中编制的主轴速度逆时针方向旋转。执行 M05 指令,主轴停止旋转。M03、M04 指令为模态前作用 M 功能;M05 指令为模态后作用 M 功能,且 M05 指令为默认功能;M03、M04、M05 指令可相互注销。

6. 切削液打开指令 M07、关闭指令 M09

执行 M07 指令,打开切削液管道;执行 M09 指令,关闭切削液管道。M07 指令为模态前作用 M 功能;M09 指令为模态后作用 M 功能,且 M09 指令为默认功能。

三、主轴功能 S、进给功能 F 和刀具功能 T

1. 主轴功能 S

主轴功能 S 控制主轴转速,其后的数值表示主轴转速,单位为 r/min。恒线速度功能时 S 指定切削线速度,其后的数值单位为 m/min。执行 G96 指令恒线速度功能有效,执行 G97 指令取消恒线速度功能。S 功能是模态功能,且 S 功能只有在主轴速度可调节时有效。S 指令所编程的主轴转速可以借助机床控制面板上的主轴倍率开关进行修调。

2. 进给功能 F

F 指令表示工件被加工时刀具相对于工件的合成进给速度,其单位取决于 G94 指令(每分钟进给量,mm/min)或 G95 指令(主轴每转一转刀具的进给量,mm/r)。每转进给量与每分钟进给量的转化公式为

$$v_f = fn$$

式中　v_f——每分钟进给量,也称进给速度(mm/min);

　　　f——每转进给量(mm/r);

　　　n——主轴转速(r/min)。

当工作在 G01、G02 或 G03 方式下时,编程的 F 值一直有效,直到被新的 F 值所取代;而工作在 G00 方式下时,快速定位的速度是各轴的最高速度,与程序中的 F 值无关。借助机床控制面板上的倍率按键,对 F 值可在一定范围内进行倍率修调。当执行攻螺纹循环指

令 G76、G82，螺纹切削指令 G32 时，倍率开关失效，进给倍率固定在 100%。

注意：

① 当使用每转进给量方式时，必须在主轴上安装一个位置编码器。

② 直径编程时，X 轴方向的进给速度为每分钟半径的变化量或每转半径的变化量。

3. 刀具功能 T

T 指令用于选刀，其后的 4 位数字分别表示选择的刀具号和刀具补偿号。执行 T 指令，起动四方刀架，选用指定的刀具。当一个程序段同时包含 T 指令与刀具移动指令时，先执行 T 指令，而后执行刀具移动指令。T 指令同时调入刀补寄存器中的补偿值。

四、准备功能 G

准备功能由 G 和后面的一位或二位数值组成，它用来规定刀具和工件的相对运动轨迹、机床坐标系、坐标平面、刀具补偿、坐标偏置等多种加工操作。

G 功能根据功能的不同分成若干组，其中 00 组的 G 功能称为非模态 G 功能，其余组的称为模态 G 功能。非模态 G 功能只在所规定的程序段中有效，程序段结束时被注销；模态 G 功能是一组可相互注销的 G 功能，这些功能一旦被执行，则一直有效，直到被同一组的 G 功能注销为止。模态 G 功能组中包含一个默认 G 功能，机床上电时被初始化为该功能。没有共同地址符的不同组 G 代码可以放在同一程序段中，而且与顺序无关。例如，G90、G17 可与 G01 放在同一程序段。

G 代码及其功能见表 1-5-2。

表 1-5-2　G 代码及其功能

代码	组号	意义	代码	组号	意义
G00	01	快速定位	G57	11	零点偏置
G01		直线插补	G58		
G02		圆弧插补（顺时针）	G59		
G03		圆弧插补（逆时针）	G65	00	宏指令简单调用
G04	00	暂停延时	G66	12	宏指令模态调用
G20	06	英制输入	G67		宏指令模态调用取消
G21		米制输入	G90	13	绝对值编程
G27	00	参考点返回检查	G91		增量值编程
G28		返回到参考点	G92	00	坐标系设定
G29		由参考点返回	G80	01	内、外径车削单一固定循环
G32	01	螺纹切削	G81		端面车削单一固定循环
G40	07	刀具半径补偿取消	G82		螺纹车削单一固定循环
G41		刀具半径左补偿	G94	14	每分进给
G42		刀具半径右补偿	G95		每转进给
G52	00	局部坐标系设定	G71	06	内、外径车削复合固定循环
G54	11	零点偏置	G72		端面车削复合固定循环
G55			G73		封闭轮廓车削复合固定循环
G56			G76		螺纹车削复合固定循环

任务六　外圆、端面的车削加工

一、工艺分析

图 1-6-1 所示的零件为铝件，毛坯尺寸为 $\phi42mm \times 52mm$。

1. 分析零件

图 1-6-1 所示零件的表面主要由外圆面和端面组成，零件径向尺寸上下极限偏差均为 ±0.1mm，表面质量无严格要求，零件材料为铝，尺寸标注完整，轮廓描述完整。

2. 确定装夹方案

根据毛坯尺寸，确定该零件加工需分两次装夹才能完成。先加工出左端轮廓，再调头装夹左端，加工右端轮廓。

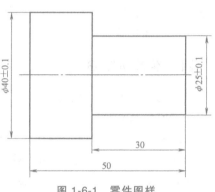

图 1-6-1　零件图样

3. 确定刀具

确定刀具的原则是：在保证加工质量的条件下，尽量选择少的刀具，以减少装刀、对刀、换刀时间，提高加工效率。依据此原则，选用一把 93°仿形车刀完成零件加工。

4. 确定加工路径

根据零件图样的几何形状和尺寸要求，第一次装夹的加工内容可分为车左端面和车左端外圆两个工步完成。车端面可直接通过手动完成，左端外圆采用粗车、精车两个加工阶段完成，粗车时 X 方向预留精车余量 0.5mm，Z 方向预留精车余量 0。车左端外圆时应将 $\phi40mm$ 段外圆的长度延长，防止由于左右两端面加工时测量误差导致最后两头出现接痕。考虑到图样中 $\phi40mm$ 段外圆的长度未标注为封闭环，所以将误差集中在此处。

调头装夹的加工内容可分为车右端面（保证总长）和车右端外圆两个工步完成。车端面可直接通过手动完成，右端外圆采用粗车、精车两个加工阶段完成，粗车时预留 X 方向精车余量为 0.5mm，Z 方向精车余量为 0。

5. 确定切削参数

（1）背吃刀量　考虑到当前加工机床的刚度和刀具、工件材料，粗加工时取背吃刀量最大为单边 1mm，精加工背吃刀量为 0.5mm。手动车端面时背吃刀量为 1mm。

（2）主轴转速　根据背吃刀量查表确定切削速度范围后，再根据实际加工条件，选取粗加工时主轴转速为 800r/min，精加工时主轴转速为 1000r/min。手动车端面时主轴转速为 500r/min。

（3）进给速度　进给速度的大小直接影响表面粗糙度值和切削效率，根据零件的表面质量要求，查切削用量手册选取粗加工进给速度为 100mm/min，精加工进给速度为 80mm/min。手动车端面时进给速度为 60mm/min。

6. 填写机械加工工艺过程卡片（表 1-6-1）

表 1-6-1　任务六零件机械加工工艺过程卡片

产品名称及型号			零件名称			零件图号						
材料	名称	铝	毛坯	种类	棒料	零件重量 /kg	毛重		共 1 页			
	牌号			尺寸	φ42mm×52mm		净重		第 1 页			
	性能			每台件数			每批件数					

工序	工步	工序内容	同时加工零件数	切削用量			设备名称及编号	工艺装备名称及编号			技术等级	工时额定	
				背吃刀量 /mm	切削速度 /(mm/min)	主轴转速 /(r/min)		夹具	刀具	量具		单件	准备~终结
1		手动车左端面	1	0.5	60	500	华中数控车床	自定心卡盘	93°仿形车刀	游标卡尺			
		粗车左端轮廓	1	1	100	800	华中数控车床	自定心卡盘	93°仿形车刀	游标卡尺			
		精车左端轮廓	1	0.5	80	1000	华中数控车床	自定心卡盘	93°仿形车刀	游标卡尺			
2		手动车右端面，并保证总长	1	0.5	60	500	华中数控车床	自定心卡盘	93°仿形车刀	游标卡尺			
		粗车右端轮廓	1	1	100	800	华中数控车床	自定心卡盘	93°仿形车刀	游标卡尺			
		精车右端轮廓	1	0.5	80	1000	华中数控车床	自定心卡盘	93°仿形车刀	游标卡尺			
		抄写		校对			审核			批准			

二、编程

1. 左端加工参考程序

O0001；

（%0001；）

T0101；

M03　S800；

G00　X45　Z2；

G80　X40.5　Z-22　F100；

X40　F80　S1000；

G00　X100　Z100；

M05；

M30；

2. 右端加工参考程序

O0002；

（%0002；）

```
T0101；
M03  S800；
G00  X45  Z2；
G80  X40  Z-30  F100；
X36；
X32；
X29；
X26；
X25  F80  S1000；
G00  X100  Z100；
M05；
M30；
```

3. 建立坐标系

（1）刀具的安装 将外圆车刀的前刀面朝上，刀柄下面放上标准刀垫，刀具前端不要伸出太长，轮流锁紧刀架上面的紧固螺钉。

（2）工件的安装 装夹时应使用自定心卡盘夹紧工件，棒料的伸出长度应考虑到零件此次装夹的加工长度和必要的安全距离。棒料轴线尽量与主轴轴线重合，以防打刀。

（3）对刀 数控车床常用试切法对刀，具体对刀方法如下：

1）试车外圆，并沿原路径退回，即 X 轴方向不动，沿着 $+Z$ 轴方向退回。

2）用游标卡尺测出外圆直径，将其输入相应的试切直径中（按下功能软键中的<F4>键，再找刀偏表），并按<Enter>键确认。

3）试车端面，并沿原路径退回，即 Z 轴方向不动，沿着 $+X$ 轴方向退回。

4）如果此时想将坐标系设立在该加工端面上，则在试切长度中输入"0"，并按<Enter>键确认。

三、加工

加工前准备工作：①确保机床开启后回过参考点；②检查机床的快速修调倍率和进给修调倍率，一般快速修调倍率在 20% 以下，进给修调倍率在 50% 以下，以防止速度过快导致撞刀。

加工时如果不确定对刀是否正确，可采用单段加工的方式进行。在确定每把刀具在所建立的坐标系中第一个点正确后，可自动加工。采用外轮廓加工循环指令，在轮廓循环第一次走刀时应该将速度调慢，以确定加工到工件最左端时不会车到卡爪。

四、检测

加工完后对零件的尺寸精度和表面质量做相应的检测，分析原因，避免下次加工再出现类似情况。

五、练习题

编制图 1-6-2~图 1-6-8 所示零件的加工程序。

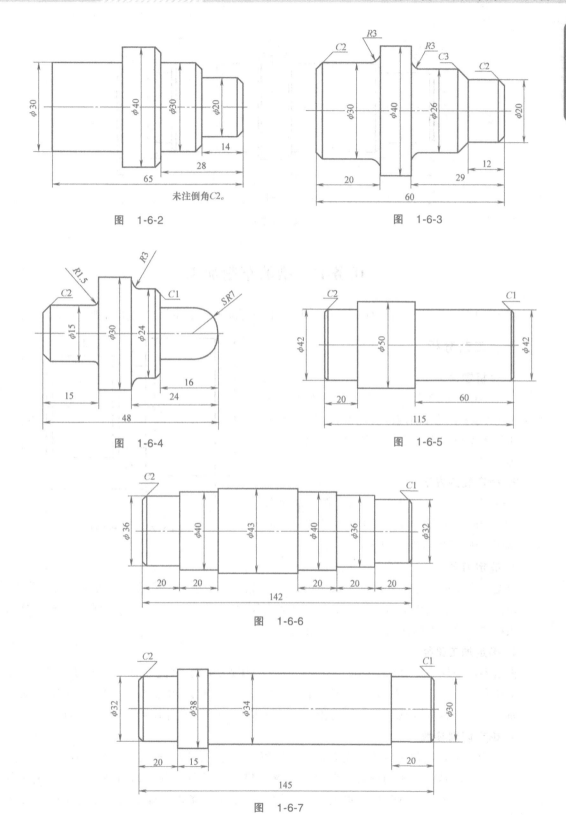

图　1-6-2

图　1-6-3

图　1-6-4

图　1-6-5

图　1-6-6

图　1-6-7

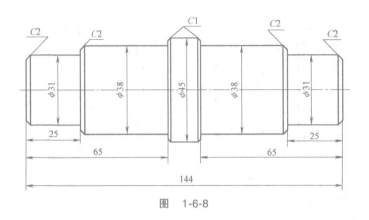

图 1-6-8

任务七　槽的车削加工

图 1-7-1 所示的零件为铝件，零件外形已加工到位，此工序只加工槽和槽右边倒角。

一、工艺分析

1. 分析零件

图 1-7-1 所示零件本道工序的加工表面为
$\phi24$mm×10mm 的槽和槽右边倒角，尺寸精度和
表面质量无严格要求。零件材料为铝，尺寸标注
和轮廓描述完整。

2. 确定装夹方案

确定装夹零件左端 $\phi40$mm 段外圆，装夹长
度约为 15mm。为防止切槽刀碰到卡爪端面，
$\phi40$mm 段外圆伸出卡爪外约 5mm。

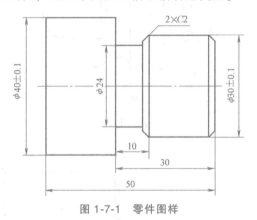

图 1-7-1　零件图样

3. 确定刀具

根据本道工序的加工表面，选取 3mm 宽的切槽刀，并选取其左边的刀尖点作为刀位点。
由于切槽刀的前端悬伸出的部位较薄，刀具强度较差，所以在进行对刀、倒角或精修槽底时
应参照精加工给定切削深度，以提高刀具使用寿命。

4. 确定加工路径

根据零件图样，需要加工的槽宽度为 10mm，刀宽 3mm，因此需要进行多刀切削。确定
其加工路径为从左端往右端分三刀进行切削，每刀之间压刀 0.5mm，同时直径方向留
0.2mm 余量。在倒角完成后用切槽刀沿着 Z 轴方向走一刀，消除压刀痕，提高表面质量。

5. 确定切削参数

（1）背吃刀量　切槽时的背吃刀量等于切槽刀的刀宽，即本道工序的背吃刀量为 3mm。

（2）主轴转速　由于切槽时是切槽刀的整个横刃在进行切削，切削力较大，切削条件
较差，所以主轴转速一般较低。本道工序根据工艺系统的条件，确定粗加工时主轴转速为
400r/min，精加工时主轴转速为 500r/min。

（3）进给速度　由于切槽加工时切削力较大，所以进给速度一般较慢。本道工序根据工艺系统的条件，确定粗加工时进给速度为 30mm/min，精加工时由于是横向走刀，所以进给速度为 50mm/min。

6. 填写机械加工工艺过程卡片（表 1-7-1）

表 1-7-1　任务七零件机械加工工艺过程卡片

产品名称及型号			零件名称			零件图号						
材料	名称	铝	毛坯	种类	棒料	零件重量/kg	毛重		共 1 页			
	牌号			尺寸	φ42mm×52mm		净重		第 1 页			
	性能			每台件数		每批件数						

工序	工步	工序内容	同时加工零件数	切削用量			设备名称及编号	工艺装备名称及编号			技术等级	工时额定	
				背吃刀量/mm	切削速度/(mm/min)	转速/(r/min)		夹具	刀具	量具		单件	准备~终结
	1	粗车槽	1	3	30	400	华中数控车床	自定心卡盘	3mm切槽刀	游标卡尺			
		精加工槽底部	1	0.5	50	500	华中数控车床	自定心卡盘	3mm切槽刀	游标卡尺			
		倒角	1	0.5	50	500	华中数控车床	自定心卡盘	3mm切槽刀	游标卡尺			
抄写			校对			审核			批准				

二、编程

O0001；

（%0001；）

T0202；

M03　S400；

G00　X42；

Z-30；

G01　X24.2　F30；

G00　X32；

Z-27.5；

G01　X24.2　F30；

G00　X32；

Z-25；

G01　X24.2　F30；

G00　X32；

Z-22；

```
G01    X28    Z-24    F30；
G00    X32；
Z-22；
G01    X26    Z-25；
X24；
Z-30    F50；
G00    X100；
Z100；
M05；
M30；
```

三、建立坐标系

1. 刀具的安装

在安装切槽刀时应注意保持切槽刀的横刃为一水平直线，即切槽刀要装正。另外由于切槽时切削力较大，所以要严格控制切槽刀的中心高，防止中心高过低时刀具将工件挤掉或中心高过高时主后刀面进行切削，损坏刀具和零件。

2. 工件的安装

装夹时应使用自定心卡盘夹紧工件，为防止切槽刀碰到卡爪端面，ϕ40mm 段外圆伸出卡爪外约 5mm。工件的轴线尽量与主轴轴线重合，以防打刀。

切槽刀对刀时，由于工件外轮廓已成形，不能再进行切削，所以只能以切槽刀的刀尖轻轻接触工件的表面完成对刀。

3. 对刀方法

1）刀具接近工件，沿 X 轴方向速度很慢（进给倍率为×1）地接触到工件的外圆。

2）将此段外圆的直径值输入到相应的试切直径中（按下功能软键中的<F4>键，再找刀偏表），并按<Enter>键确认。

3）刀具接近工件，沿 Z 轴方向速度很慢（进给倍率为×1）地接触到工件的右端面。

4）将 0 输入相应刀补的试切长度，并按<Enter>键确认。

四、加工

加工前准备工作：①确保机床开启后回过参考点；②检查机床的快速修调倍率和进给修调倍率，一般快速修调倍率在 20% 以下，进给修调倍率在 50% 以下，以防止速度过快导致撞刀。

加工时如果不确定对刀是否正确，可采用单段加工的方式进行。在确定每把刀具在所建立的坐标系中第一个点正确后，可自动加工。

五、检测

加工完后对零件的尺寸精度和表面质量做相应的检测，分析原因，避免下次加工再出现类似情况。

六、练习题

图 1-7-2~图 1-7-6 所示的零件为铝件，零件外形已加工到位，本工序只加工槽。试编制加工程序。

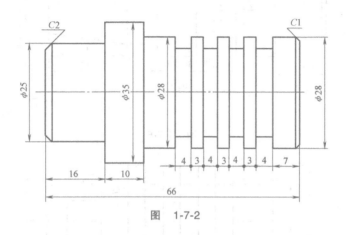

图 1-7-2

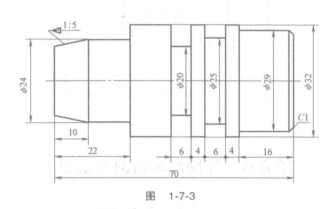

图 1-7-3

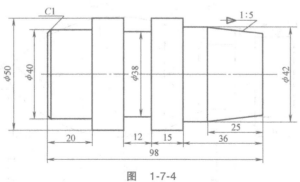

图 1-7-4

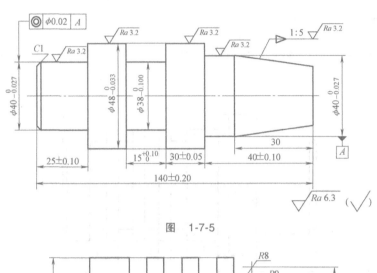

图 1-7-5

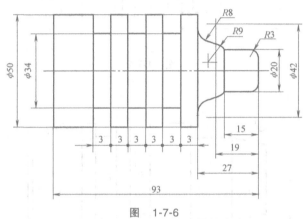

图 1-7-6

任务八 外圆轮廓面的车削加工

图 1-8-1 所示的零件为铝件，毛坯尺寸为 φ34mm×75mm。

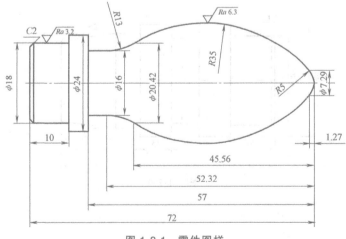

图 1-8-1 零件图样

一、工艺分析

1. 分析零件

图 1-8-1 所示的零件左端主要为圆柱面，表面粗糙度值为 $Ra3.2\mu m$；右端主要是由多段圆弧形成的圆弧面，要求圆弧之间能够光滑连接，表面粗糙度值为 $Ra6.3\mu m$，零件材料为铝，轮廓描述清晰，尺寸标注完整。

2. 确定装夹方案

根据毛坯尺寸，确定该零件加工须分两次装夹才能完成。先加工出左端轮廓，再调头装夹左端加工右端。

3. 确定刀具

确定刀具的原则：在保证加工质量的条件下，尽量选择少的刀具以减少装刀、对刀、换刀时间，提高加工效率。

依据此原则，同时考虑到该手柄零件的右端圆弧面有下凹，为防止后刀面干涉，选用一把主偏角为 93°、刀尖角为 35°仿形车刀完成该零件的加工。因该零件右端主要为圆弧面连接而成，为保证加工精度，需使用刀具半径补偿指令。

4. 确定加工路径

根据零件图样中的几何形状和尺寸要求，第一次装夹的加工内容可分车端面和车左端轮廓两个工步完成。车端面可直接通过手动完成，左端外圆采用轮廓加工循环指令粗车、精车完成，粗车时预留 X 方向精车余量为 0.5mm，Z 方向半精车余量为 0。车左端外圆时应将 $\phi24$ 段外圆的长度延长（防止由于左右两端面加工时测量误差导致最后两头出现接痕，考虑到图样中 $\phi24$mm 段外圆的长度未标注为封闭环，所以将误差集中在此处）。

调头装夹的加工内容可分车右端面（保证总长）和车右端轮廓两个工步完成。车端面可直接通过手动完成，右端轮廓采用轮廓加工循环指令分粗车、精车完成，粗车时预留 X 方向精车余量为 0.5mm，Z 精车余量为方向为 0。

5. 确定切削参数

（1）背吃刀量　考虑到当前加工机床的刚度和刀具、工件材料，以及所选刀具的刀尖角为 35°，刀具强度较低，所以粗加工时取背吃刀量最大为单边 1mm，精加工时取背吃刀量为 0.5mm，手动车端面时取背吃刀量为 0.5mm。

（2）主轴转速　根据背吃刀量查表确定切削速度范围后，结合实际加工条件，选取粗加工时主轴转速为 800r/min，精加工时主轴转速为 1000r/min，手动车端面时主轴转速为 500r/min。

（3）进给速度　进给速度的大小直接影响表面粗糙度值和切削效率。根据零件的表面质量要求，查切削用量手册，选取粗加工时进给速度为 100mm/min，精加工时进给速度为 80mm/min，手动车端面时进给速度为 60mm/min。

6. 数值计算

如图 1-8-2 所示，由于该零件右端由多段圆弧光滑连接构成，为方便编程，先将右端

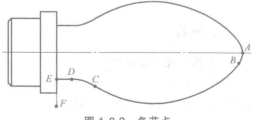

图 1-8-2　各节点

各节点坐标值列出，见表 1-8-1。

表 1-8-1　各节点坐标值

节点	G 代码	X 坐标	Z 坐标	R
A	G01	0	0	
B	G03	7.29	-1.27	R5
C	G03	20.42	-45.56	R35
D	G02	16	-52.32	R13
E	G01	16	-57	
F	G01	33	-57	

7. 填写机械加工工艺过程卡片（表 1-8-2）

表 1-8-2　任务八零件机械加工工艺过程卡片

产品名称及型号			零件名称			零件图号						
材料	名称	铝	毛坯	种类	棒料	零件重量 /kg	毛重		共 1 页			
	牌号			尺寸	φ34mm×75mm		净重		第 1 页			
	性能			每台件数		每批件数						

工序	工步	工序内容	同时加工零件数	切削用量			设备名称及编号	工艺装备名称及编号			技术等级	工时额定	
				背吃刀量/mm	切削速度/(mm/min)	转速/(r/min)		夹具	刀具	量具		单件	准备~终结
	1	手动车左端面	1	0.5	60	500	华中数控车床	自定心卡盘	93°仿形车刀	游标卡尺			
		粗车左端轮廓	1	1	100	800	华中数控车床	自定心卡盘	93°仿形车刀	游标卡尺			
		精车左端轮廓	1	0.5	80	1000	华中数控车床	自定心卡盘	93°仿形车刀	游标卡尺			
	2	手动车右端面，并保证总长	1	0.5	60	500	华中数控车床	自定心卡盘	93°仿形车刀	游标卡尺			
		粗车右端轮廓	1	1	100	800	华中数控车床	自定心卡盘	93°仿形车刀	游标卡尺			
		精车右端轮廓	1	0.5	80	1000	华中数控车床	自定心卡盘	93°仿形车刀	游标卡尺			
		抄写		校对			审核			批准			

二、编程

1. 刀具半径补偿概述

在数控车削中，主要是按刀具上的刀位点沿着工件轮廓形状切削进行程序编制的，车刀的刀位点一般是指刀尖圆弧的圆心或假想刀尖点（理想状态下），但在实际加工中使用的车刀，由于数控车削加工工艺和结构要求，刀尖是一段圆弧形状。当车削端面轮廓或与轴线平行的圆柱面时，零件尺寸和形状不会受到刀尖圆弧的影响；但若加工其他与轴线不垂直或不平行的轮廓时，由于在车削过程中刀具的切削点是在刀尖圆弧上变动的，这将产生零件尺寸误差和形状误差，造成欠切削或过切削现象。这种由于车刀刀尖圆弧产生的尺寸及形状误差，可以通过刀具半径补偿功能来补偿。在数控车削加工过程中，编程人员一般按照零件的轮廓进行程序编制，由于刀尖圆弧半径是必然存在的，在加工具有锥面或者圆弧面等结构零件时，实际轮廓与刀具中心的运动轨迹将不完全相同，而将根据刀尖圆弧半径在加工轨迹上进行相应的延伸或者缩短，从而保证加工精度，这就是所谓的数控车削刀具半径补偿。

刀具半径补偿功能可以让用户按照零件轮廓来编制程序，同时在刀具半径发生变化时（如刀具磨损）对刀具半径做出相应的补偿，而不需要调整程序，从而保证零件的加工精度。刀具半径补偿指令有三个，分别是 G40、G41、G42。其中，G40 指令是取消刀具半径补偿，G41 指令是刀具半径左补偿，G42 指令是刀具半径右补偿。

刀具半径左补偿（G41）和刀具半径右补偿（G42）的判断方法为：从与加工坐标轴构成的平面相垂直的坐标轴的正方向往负方向看，沿着刀具的走刀方向，刀具在工件轮廓轨迹的左侧时，用 G41 指令（刀具半径左补偿）；从与加工坐标轴构成的平面相垂直的坐标轴的正方向往负方向看，沿着刀具的走刀方向，刀具在工件轮廓轨迹的右侧时，用 G42 指令（刀具半径右补偿）。根据该判断方法，在车削加工内轮廓时应使用 G41 指令，在车削加工外轮廓时应使用 G42 指令，在车削加工结束时应使用 G40 指令取消半径补偿。

2. 刀具半径补偿过程

数控机床具有刀具半径补偿功能，既可以保证机床的高精度，又可以极大地简化编程工作。无论哪一类的刀具半径补偿技术，在使用中都需要建立刀补、执行刀补、取消刀补三个步骤。

1）建立刀具半径补偿：刀具从起刀点移动至工件时，G41 指令（刀具半径左补偿）或 G42 指令（刀具半径右补偿）将确定刀具的补偿方向，然后在原来程序产生的轮廓轨迹的基础上伸长或缩短一个距离，这个距离的数值就等于车刀刀尖圆弧半径。

2）执行刀具半径补偿：刀具半径补偿建立后，这种状态将得到保持，直到刀具半径补偿功能被取消为止。在执行刀具半径补偿期间，工件的轮廓将始终距离刀具的中心轨迹一个刀尖圆弧半径值。

3）取消刀具半径补偿：在车削加工结束时，刀具离开工件回到退刀点，此时必须取消刀具半径补偿，防止执行其他不需要半径补偿功能的程序时还留有半径补偿功能，从而导致误差，其过程同建立刀具半径补偿的过程相似。取消半径补偿时的退刀点的位置一般设计在工件轮廓之外，同时距离工件轮廓的退出点较近的位置或者设计在零件轮廓延长线上，根据需要也可设置成与起刀点相同。

在数控车削系统自动进行刀具半径补偿时，刀尖圆弧半径、刀位点的变化都不影响编程，都是用同样的方法——按零件图样上的轮廓轨迹直接进行编程，在车削零件轮廓前加入刀具半径补偿指令，在车削加工结束后取消刀具半径补偿指令。在数控车削加工时，数控系统根据程序中的刀具半径补偿指令自动偏置相应的距离，确保切削刃的轨迹与零件图样的轨迹一致。数控车削刀具补偿功能的建立需要输入两个参数，分别是刀具号和刀具半径补偿值地址。在数控系统中用 T 指令调用刀具，格式为"T＊＊＊＊"。其中，前两个＊＊表示刀具号，后两个＊＊表示刀具补偿值地址号，如"T0202"表示使用第 2 号刀具和第 2 号刀具补偿值地址的值。当输入的刀具补偿号为 00 时，表示取消刀具半径补偿。

3. 刀具半径补偿的主要内容

（1）刀具半径补偿参数　在数控车削刀具半径补偿中一共用到四个参数，即刀具半径补偿号对应刀具位置补偿坐标（X 值和 Z 值）和刀尖圆弧半径补偿值（刀尖圆弧半径 R 和刀尖位置号 T）。这四个参数应在加工之前输入相应的存储位置，在执行数控程序的过程中，数控系统将自动补偿刀具移动的相关偏差进行刀具半径补偿（具体补偿量由 X、Z、R、T 来确定），加工出合格的零件。

（2）刀具圆弧半径补偿　在编写数控车削程序时，车刀的刀尖被想象成一个点，但实际上为了降低工件表面粗糙度值和提高刀具寿命，车刀刀尖被设计成半径不大的一个过渡圆弧，这个过渡圆弧会导致加工误差。同时，数控车削加工时影响零件加工尺寸的因素还有刀尖圆弧所处的位置（车刀刀尖指向）、车刀的形状、尺寸等。车刀刀尖所指的方向称为刀尖方位，用 0~9 的数字来表示。其中，内孔车刀对应的刀尖位置号为 2，外圆车削时对应的刀尖位置号为 3。因为有刀具半径补偿功能，这些问题都能通过调整相关参数得到解决。

车刀的形状不同，刀尖圆弧所处的位置不同，执行刀具补偿时，刀具自动偏离零件轮廓的方向就不同。因此具备刀具半径补偿的数控系统，除利用刀具半径补偿指令外，还应根据刀具在切削时所处位置，选择假想刀尖的方位，确定补偿量。假想刀尖有 9 种位置可以选择。如图 1-8-3、图 1-8-4 所示，箭头表示刀尖方向，如果按刀尖圆弧中心编程，则选用 0 或 9。

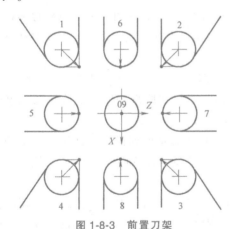

图 1-8-3　前置刀架
注：黑圆点代表刀具刀尖点，+表示刀尖圆弧中心。

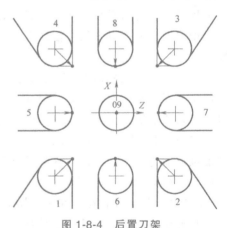

图 1-8-4　后置刀架
注：黑圆点代表刀具刀尖点，+表示刀尖圆弧中心。

4. 刀具半径补偿的注意事项

1）G41、G42 指令不能与 G02、G03 指令写在同一个程序段中，可与 G00、G01 指令连用。在建立、取消刀具半径补偿的程序段内，G40、G41、G42 数控指令必须与 G00 或 G01 指令写在一个程序段内。

2）当输入刀具半径补偿值地址的值为负值时，G41 和 G42 的功能发生互换。

3）车削零件轮廓前应建立好刀具半径补偿，加工完零件后应取消刀具半径补偿。

4）G40、G41 和 G42 指令都是模态代码，可相互注销；在切入工件之前，应建立好刀具半径补偿，同时应保证直线移动的距离不为零。

5）G40 指令与 G41、G42 指令必须成对使用。

6）因粗加工时数控系统不考虑补偿问题，故刀具半径补偿一般在精加工开始之前或在精加工程序开始段中建立。

7）选择刀尖位置方向时，要特别注意刀架前置和刀架后置的区别。

5. 参考程序

（1）左端轮廓加工参考程序

```
O0001；
（%0001；）
T0101；
M03　S800；
G00　X35　Z2；
G71　U1　R1　P10　Q20　X0.5　Z0　F100；
N10　G00　X12；
Z1；
G01　X18　Z-2　F80　S1000；
Z-10；
X24；
Z-17；
N20　G01　X33；
G00　X100　Z100；
M05；
M30；
```

（2）右端轮廓加工参考程序

```
O0002；
（%0002；）
T0101；
M03　S800；
G00　X35　Z2；
G71　U1　R1　P10　Q20　X0.5　Z0　E7　F100；
N10　G00　G41　X0；
Z0；
G03　X7.29　Z-1.27　R5　F80　S1000；
X20.42　Z-45.56　R35；
G02　X16　Z-52.32　R13；
G01　Z-57；
N20　X33；
G00　G40　X100　Z100；
M05；
M30；
```

三、建立坐标系

1. 刀具的安装

将外圆车刀的前刀面朝上，刀柄下面放上标准刀垫，刀具前端不要伸出太长，轮流锁紧刀架上面的紧固螺钉。可根据加工要求调整刀具安放时的主偏角和副偏角的角度。

2. 工件的安装

用自定心卡盘夹紧工件，棒料的伸出长度应考虑零件此次装夹的加工长度和必要的安全距离。棒料轴线尽量与主轴轴线重合，以防打刀。

3. 试切法对刀

1）试车外圆，并沿原路径退回，即 X 轴方向不动，沿着+Z 轴方向退回。

2）用游标卡尺测量外圆直径，将测得值输入相应的试切直径中（按下功能软键中<F4>键，再找刀偏表），并按<Enter>键确认。

3）试车端面，并沿原路径退回，即 Z 轴方向不动，沿着+X 轴方向退回。

4）如果此时想将坐标系设立在该加工端面上，在试切长度中输入 0，并按<Enter>键确认。

四、加工

加工前准备工作：①确保机床开启后回过参考点；②检查机床的快速修调倍率和进给修调倍率，一般快速修调倍率在 20% 以下，进给修调倍率在 50% 以下，以防止速度过快导致撞刀。

加工时如果不确定对刀是否正确，可采用单段加工的方式进行。在确定每把刀具在所建立的坐标系中第一个点正确后，可自动加工。在采用外轮廓加工循环指令时，轮廓循环第一次走刀时应该将速度调慢，以确定加工到工件最左端时不会车到卡爪。

五、检测

加工完后对零件的尺寸精度和表面质量做相应的检测，分析原因，避免下次加工再出现类似情况。

六、练习题

编制图 1-8-5~图 1-8-14 所示零件的加工程序。

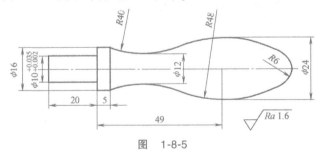

图 1-8-5

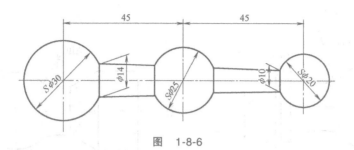

图　1-8-6

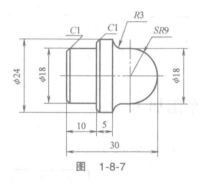

图　1-8-7

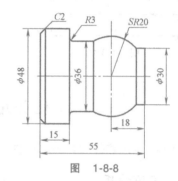

图　1-8-8

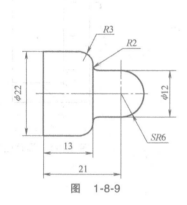

图　1-8-9

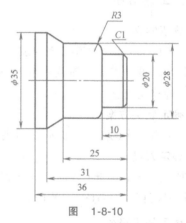

图　1-8-10

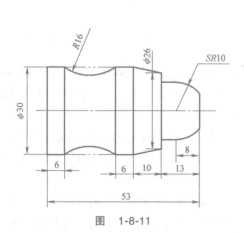

图　1-8-11

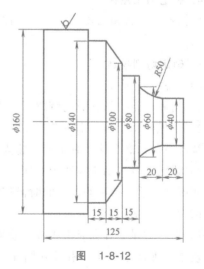

图　1-8-12

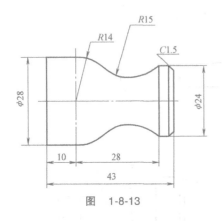

图 1-8-13

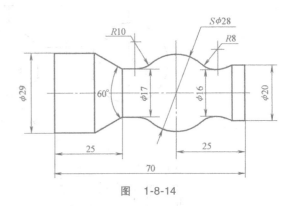

图 1-8-14

任务九 内腔的车削加工

图 1-9-1 所示零件的材料为铝件，毛坯尺寸为 $\phi52mm×80mm$。

一、工艺分析

1. 分析零件

图 1-9-1 所示零件本道工序的加工表面为 $\phi25mm$ 和 $\phi35mm$ 内孔。尺寸精度和表面质量无严格要求，零件材料为铝，尺寸标注和轮廓描述完整。

2. 确定装夹方案

根据本道工序的加工表面确定装夹零件外圆。

3. 确定刀具

根据本道工序的加工表面，选取直径为 $\phi20mm$ 的钻头先钻孔，再用刀柄直径为 $\phi18mm$ 的内孔镗刀镗台阶孔。

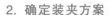

图 1-9-1 零件图样

4. 确定加工路径

根据零件形状和毛坯尺寸，该零件整个加工顺序为：①车端面、外圆；②钻孔、镗孔；③切断。

5. 确定切削参数

（1）钻孔切削参数

1）背吃刀量。钻孔时的背吃刀量等于钻头的半径，即本道工序的背吃刀量为 10mm。

2）主轴转速。由于本道工序钻孔时背吃刀量大，所以主轴转速一般较低。根据加工工艺系统的条件，确定钻孔时主轴转速为 400r/min。

3）进给速度。由于在数控车床上钻孔是手动进行，通过尾座套筒的移动来实现进给，所以速度是靠手动控制的，摇的时候速度要尽量均匀。如果是钻通孔，快钻通时速度要慢。

（2）镗孔切削参数

1）背吃刀量。镗孔时由于镗刀悬伸出的长度相对较长，强度、刚性较差，且冷却排屑条件较差，所以背吃刀量相对外圆车削较小。粗镗时背吃刀量为 1mm，精镗时背吃刀量为 0.5mm。

2）主轴转速。根据加工工艺系统的条件，确定粗镗时主轴转速为 600r/min，精镗时主轴转速为 800r/min。

3）进给速度。根据加工工艺系统的条件，确定粗镗时进给速度为 100mm/min，精镗时进给转速为 80mm/min。

6. 填写机械加工工艺过程卡片（表 1-9-1）

表 1-9-1　任务九零件机械加工工艺过程卡片

产品名称及型号			零件名称			零件图号					
材料	名称	铝	毛坯	种类	棒料	零件重量/kg	毛重		共 1 页		
	牌号			尺寸	φ52mm×80mm		净重		第 1 页		
	性能			每台件数		每批件数					

工序	工步	工序内容	同时加工零件数	切削用量			设备名称及编号	工艺装备名称及编号			技术等级	工时额定
				背吃刀量/mm	切削速度/(mm/min)	转速/(r/min)		夹具	刀具	量具		单件	准备~终结
1		手动车端面	1	0.5	60	500	华中数控车床	自定心卡盘	93°仿形车刀	游标卡尺		
		车外圆	1	1	80	1200	华中数控车床	自定心卡盘	93°仿形车刀	游标卡尺		
		钻孔	1	10	60	400	华中数控车床	自定心卡盘	20mm 钻头	游标卡尺		
		粗镗孔	1	1	100	600	华中数控车床	自定心卡盘	18mm 镗刀	游标卡尺		
		精镗孔	1	0.5	80	800	华中数控车床	自定心卡盘	18mm 镗刀	游标卡尺		
		切断	1	12.5	30	400	华中数控车床	自定心卡盘	3mm 切槽刀	游标卡尺		
	抄写			校对			审核		批准			

二、编程

O0001；

（%0001；）

T0303；

M03　S600；

G00　X20　Z2；

G71　U1　R1　P10　Q20　X0.5　Z0　F100；

N10　G00　X20；

Z2；

G01　X35　F80　S800；

Z-20；

X25；

Z-32；

N20　X20；

G00　Z100；

X100；

M05；

M30；

三、建立坐标系

1. 刀具的安装

（1）钻头　应先将钻头末端的扁平面对准变径套中的相应孔，稍用力使其形成锥面配合。再用同样的方法将钻头装入尾座中。钻孔时先将尾座推至合适位置再锁紧，转动主轴，手摇尾座后端的手柄。注意：一般机床尾座手柄上方刻有相应的手柄摇一圈尾座套筒移动的距离。

（2）镗刀　装镗刀时，如程序中将镗刀定义为 3 号刀，先将刀架换至相应刀位，将镗刀放置在 2 号刀与 3 号刀之间的横刀位上，垫上相应厚度的刀垫，并轮流锁紧螺钉。值得注意的是，为保证镗孔时刀具不发生振动，镗刀伸出刀架左端端面的距离要尽量短，一般比加工孔深度长 3~5mm 即可。若镗刀刀柄直径偏小，为防止加工过程中由于受力刀柄发生偏斜，可在镗刀刀柄的侧面放置相应的挡块。

2. 工件的安装

使用自定心卡盘夹紧工件，棒料的伸出长度应考虑到零件此次装夹的加工长度和必要的安全距离。棒料轴线尽量与主轴轴线重合，以防打刀。

3. 镗刀对刀

用镗刀的刀尖点以增量×10 的速度从底孔位置沿 X 轴方向移动，确定 X 轴方向背吃刀量后，车内孔约 5mm 后沿+Z 方向退出，将测得的孔的直径输入相应刀补的试切直径中。再沿+X 方向稍移动刀具，以增量×10 的速度使刀具刀尖点抵触工件后，在相应刀补的试切长度中输入 0。

四、加工操作

加工前准备工作：①确保机床开启后回过参考点；②检查机床的快速修调倍率和进给修调倍率，一般快速修调倍率在 20% 以下，进给修调倍率在 50% 以下，以防止速度过快导致撞刀。

加工时如果不确定对刀是否正确，可采用单段加工的方式进行。确定每把刀具在所建立的坐标系中第一个点正确后，可自动加工。

五、检测

加工完后对零件的尺寸精度和表面质量做相应的检测，分析原因，避免下次加工再出现类似情况。

六、练习题

编制图 1-9-2～图 1-9-6 所示零件的加工程序。

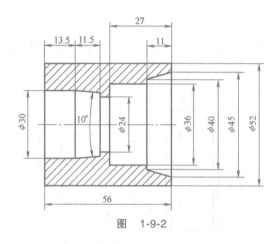

图　1-9-2

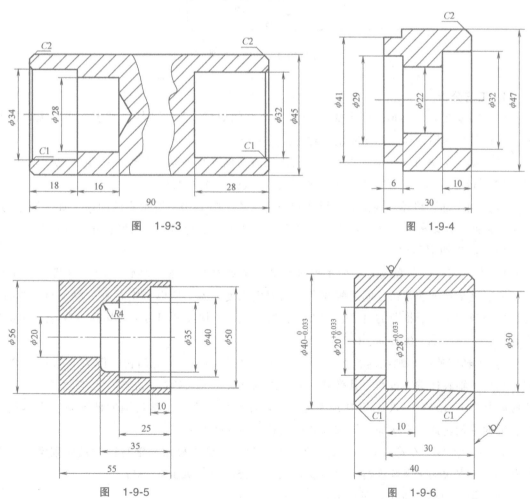

图　1-9-3

图　1-9-4

图　1-9-5

图　1-9-6

任务十　螺纹的车削加工

一、外螺纹加工

具有外螺纹的零件如图 1-10-1 所示，材料为铝，毛坯尺寸为 φ35mm×57mm。零件其他部位已加工完毕，本工序要求加工外螺纹 M18×1.5。

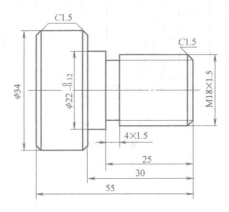

图 1-10-1　外螺纹零件

1. 工艺分析

（1）分析零件　本道工序主要加工 M18×1.5 的螺纹，其尺寸精度和表面质量无严格要求。零件材料为铝，尺寸标注完整，轮廓描述完整。

（2）确定装夹方案　根据本道工序的加工表面确定装夹零件左端 φ34mm 外圆。

（3）确定刀具　根据本道工序的加工表面，选取 60°外螺纹车刀。

（4）确定加工路径　根据零件形状和毛坯尺寸，图 1-10-1 所示零件的整个加工顺序为：①车左端面、左端外圆；②车右端面保证总长，加工右端轮廓；③切槽；④车螺纹。

（5）确定切削参数

1）背吃刀量。车螺纹时，为了保证螺距，必须严格要求主轴转一圈刀具进给一个导程，所以进给速度非常快；同时螺纹车刀的刀尖强度较差，所以背吃刀量一般不超过 2mm。可根据切削用量手册推荐的每刀背吃刀量，对本次加工螺纹分四刀进行切削，背吃刀量分别为 0.8mm、0.6mm、0.4mm、0.16mm。

2）主轴转速。车螺纹时，为了保证螺距，必须严格要求主轴转一圈刀具进给一个导程，如果主轴转速选择过高，其换算后的进给速度必定大大超过正常值。车螺纹时，主轴转速应限制在 $n < 1200/P - 80$，其中 P 为螺距。在保证生产率和正常切削的情况下，应尽量选择较低的主轴转速。本次加工螺纹选择主轴转速为 600r/min。

3）进给速度。车螺纹时，进给量为导程，进给速度由机床主轴转速和被切削螺纹导程相乘所得。本次加工螺纹进给速度为 600r/min×1.5mm/r＝900mm/min。

（6）填写机械加工工艺过程卡片　见表 1-10-1。

表 1-10-1　任务十外螺纹零件机械加工工艺过程卡片

产品名称及型号				零件名称				零件图号					
材料	名称	铝	毛坯	种类	棒料		零件重量/kg	毛重		共 1 页			
	牌号			尺寸	φ35mm×57mm			净重		第 1 页			
	性能				每台件数			每批件数					

工序	工步	工序内容	同时加工零件数	切削用量			设备名称及编号	工艺装备名称及编号			技术等级	工时额定	
				背吃刀量/mm	切削速度/(mm/min)	转速/(r/min)		夹具	刀具	量具		单件	准备~终结
1		手动车左端面	1	0.5	60	500	华中数控车床	自定心卡盘	93°仿形车刀	游标卡尺			
		粗车左端轮廓	1	1	100	800	华中数控车床	自定心卡盘	93°仿形车刀	游标卡尺			
		精车左端轮廓	1	0.5	80	1000	华中数控车床	自定心卡盘	93°仿形车刀	游标卡尺			
2		手动车右端面,并保证总长	1	0.5	60	500	华中数控车床	自定心卡盘	93°仿形车刀	游标卡尺			
		粗车右端轮廓	1	1	100	800	华中数控车床	自定心卡盘	93°仿形车刀	游标卡尺			
		精车右端轮廓	1	0.5	80	100	华中数控车床	自定心卡盘	93°仿形车刀	游标卡尺			
		切槽	1	1.5	30	400	华中数控车床	自定心卡盘	4mm 切槽刀	游标卡尺			
		车螺纹	1	0.8/0.6/0.4/0.16	900	600	华中数控车床	自定心卡盘	60°螺纹车刀	游标卡尺			
	抄写			校对			审核			批准			

2. 参考程序

O0001;

(%0001;)

T0404;

M03　S600;

G00　X20　Z2;

G82　X17.2　Z-22　F1.5;

G82　X16.6　Z-22　F1.5;

G82　X16.2　Z-22　F1.5;

G82　X16.04　Z-22　F1.5;

G82　X16.04　Z-22　F1.5;

G00　X100　Z100;

M05;

M30;

3. 建立坐标系

(1) 刀具的安装　螺纹车刀装时,应将刀柄装正,不能倾斜,以保证螺纹的牙型角。

(2) 工件的安装　使用自定心卡盘夹紧工件,棒料的伸出长度应考虑到零件此次装夹的加工长度和必要的安全距离。棒料轴线尽量与主轴轴线重合，以防撞刀。

（3）螺纹车刀的对刀　用螺纹车刀的刀尖点以增量×10的速度接触工件最右端最大直径的外圆，在相应的刀具补偿刀偏表的试切长度中输入0；退出刀具，沿 X 轴方向移动，使刀尖点接触工件外圆，在相应刀具补偿刀偏表的试切直径中输入试切外圆时测量的直径。

4. 加工

加工前准备工作：①确保机床开启后回过参考点；②检查机床的快速修调倍率和进给修调倍率，一般快速修调倍率在20%以下，进给修调倍率在50%以下，以防止速度过快导致撞刀。

加工时如果不确定对刀是否正确，可采用单段加工的方式进行。在确定每把刀具在所建立的坐标系中第一个点正确后，可自动加工。

5. 检测

外螺纹加工完成后，先不要将工件卸下，用螺纹环规检测螺纹是否合格，如通规（T）通、止规（Z）止即加工的螺纹合格；如通规通、止规通，螺纹无法精修；如通规不通、止规止，可对螺纹进行精修。

二、内螺纹加工

图 1-10-2 所示零件的材料为铝件，毛坯尺寸为 $\phi 60mm×80mm$。

1. 工艺分析

（1）分析零件　图 1-10-2 所示零件的主要加工面为内表面，包括内孔、内槽和内螺纹的加工，尺寸精度和表面质量无严格要求。零件材料为铝，尺寸标注和轮廓描述完整。

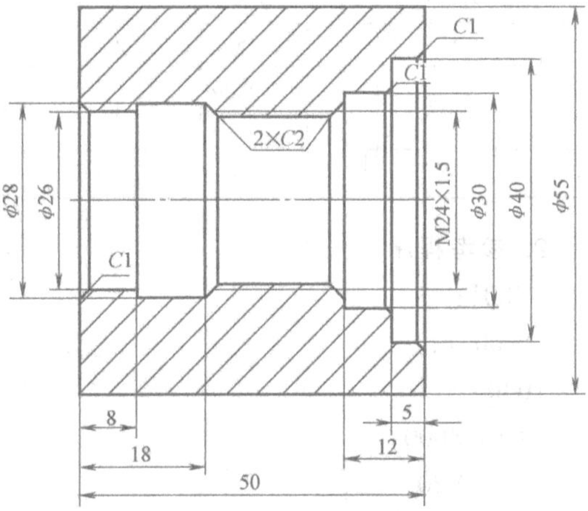

（2）确定装夹方案　根据零件毛坯尺寸，确定该零件要分两次装夹。

（3）确定刀具　根据该零件的加工表面，选定其加工刀具有 93°仿形车刀、$\phi 20mm$ 钻头、$\phi 16mm$ 镗刀、$\phi 16mm$ 内螺纹车刀。

图 1-10-2　内螺纹零件

（4）确定加工路径　根据零件形状和毛坯尺寸，该零件整个加工顺序为：①装夹毛坯，悬伸出 60mm；②加工零件外圆长度至－55mm；③钻孔，手动完成；④镗右端孔至 M24 底孔尺寸段；⑤切断，调头装夹，手动完成；⑥镗左端孔；⑦镗内螺纹。

（5）确定切削参数

1）背吃刀量。车螺纹时，为了保证螺距，必须严格要求主轴转一圈刀具进给一个导程，所以进给速度非常快；同时螺纹车刀的刀尖强度较差，所以背吃刀量一般不超过2mm。可根据切削用量手册推荐的每刀背吃刀量，对本次加工螺纹分四刀进行切削，背吃刀量分别为 0.8mm、0.6mm、0.4mm、0.16mm。

2）主轴转速。车螺纹时，为了保证螺距，必须严格要求主轴转一圈刀具进给一个导程，如果主轴转速选择过高，其换算后的进给速度必定大大超过正常值。车螺纹时，主轴转速应限制在 $n<1200/P-80$，其中 P 为螺距。在保证生产率和正常切削的情况下，应尽量选择较低的主轴转速。本次加工螺纹所选主轴转速为 600r/min。

3）进给速度。车螺纹时，进给量为导程，进给速度由机床主轴转速和被切削螺纹导程相乘所得。本次加工螺纹进给速度为 600r/min×1.5mm/r＝900mm/min。

外圆加工、钻孔、镗孔的切削用量参照前面加工任务选取，具体数值见技术文件。

（6）填写机械加工工艺过程卡片　见表 1-10-2。

表 1-10-2　任务十内螺纹零件机械加工工艺过程卡片

产品名称及型号			零件名称			零件图号				
材料	名称	铝	毛坯	种类	棒料	零件重量/kg	毛重		共 1 页	
	牌号			尺寸	φ60mm×80mm		净重		第 1 页	
	性能			每台件数		每批件数				

工序	工步	工序内容	同时加工零件数	切削用量			设备名称及编号	工艺装备名称及编号			技术等级	工时额定	
				背吃刀量/mm	切削速度/(mm/min)	转速/(r/min)		夹具	刀具	量具		单件	准备～终结
1		手动车右端面	1	0.5	60	500	华中数控车床	自定心卡盘	93°仿形车刀	游标卡尺			
		粗车右端轮廓	1	1	100	800	华中数控车床	自定心卡盘	93°仿形车刀	游标卡尺			
		精车右端轮廓	1	0.5	80	1000	华中数控车床	自定心卡盘	93°仿形车刀	游标卡尺			
		钻孔	1	10	50	400	华中数控车床	自定心卡盘	20mm 钻头	游标卡尺			
		镗孔	1	1	80	800	华中数控车床	自定心卡盘	16mm 镗刀	游标卡尺			
		切断	1	3	60	500	华中数控车床	自定心卡盘	3mm 切槽刀	游标卡尺			
2		镗孔	1	1	80	800	华中数控车床	自定心卡盘	16mm 镗刀	游标卡尺			
		车螺纹	1	0.8/0.6/0.4/0.16	900	600	华中数控车床	自定心卡盘	16mm 内螺纹车刀	游标卡尺			
	抄写			校对			审核		批准				

2. 参考程序

（1）外轮廓加工程序

O0001;

（%0001;）

T0101;

M03　S800;

G00　X62　Z2;

G81　X58　Z-55　F100;

X56;

X55；

G00　X100　Z100；

M05；

M30；

（2）右端镗孔程序

O0002；

（%0002；）

T0303；

M03　S700；

G00　X18；

Z2；

G71　U1　R0.5　P10　Q20　X0.5　Z0　F100；

N10　G00　X44；

G01　Z1　S900　F80；

X40　Z-1；

Z-5；

X30；

Z-12；

X26.04；

X22.04　Z-14；

Z-34；

N20　X18；

G00　Z100；

X100；

M30；

（3）左端镗孔和内螺纹加工程序

O0003；

（%0003；）

T0303；

M03　S700；

G00　X18；

Z2；

G71　U1　R0.5　P10　Q20　X0.5　Z0　F100；

N10　G00　X30；

G01　Z1　S900　F80；

X26　Z-1；

Z-8；

X28；

Z-16；

```
X22.04   Z-18；
Z-40；
N20   X18；
G00   Z100；
T0404；
M03   S600；
G00   X20；
Z2；
G82   X22.84   Z-40   F1.5；
G82   X23.44   Z-40   F1.5；
G82   X23.84   Z-40   F1.5；
G82   X24   Z-40   F1.5；
G82   X24   Z-40   F1.5；
G00   Z100；
X100；
M30；
```

3. 建立坐标系

（1）刀具的安装 装夹镗刀时应严格控制其中心高，为减小刀具让刀量，伸出长度约大于加工孔深 5mm 即可；装夹内螺纹车刀时，在遵守装夹要求的同时应严格保证内螺纹车刀的牙型角不能发生变化，即要将刀柄装正，不能倾斜。

（2）工件的安装 使用自定心卡盘夹紧工件，棒料的伸出长度为 60mm。棒料轴线尽量与主轴轴线重合，以防打刀。

（3）内螺纹车刀的对刀

1）工件和刀具装夹完毕后，在 MDI 方式下控制主轴旋转，手动控制刀具接触到工件右端面，然后保持 Z 坐标不变，沿 X 轴方向移动使刀具离开工件。

2）在相应刀具刀偏表的参数"试切长度"中输入 0，从而完成 Z 轴的对刀。

3）手动控制刀具接触镗刀对刀时试切的外圆，然后保持 X 坐标不变，沿 Z 轴方向移动使刀具离开工件。主轴停转，将镗刀对刀时测得的直径值输入对应刀具刀偏表的试切直径中。

内螺纹车刀对刀时在 Z 轴不能进行端面切削，只能控制其刀位点轻触工件孔的最右端。

4. 加工

加工前准备工作：①确保机床开启后回过参考点；②检查机床的快速修调倍率和进给修调倍率，一般快速修调倍率在 50% 以下，进给修调倍率在 50% 以下，以防止速度过快导致撞刀。

加工时如果不确定对刀是否正确，可采用单段加工的方式进行。在确定每把刀具在所建立的坐标系中第一个点正确后，可自动加工。

5. 检测

内螺纹加工完成后，先不要将工件卸下，用螺纹塞规检测螺纹是否合格，如通规（T）通、止规（Z）止即加工的螺纹合格；如通规通、止规通，螺纹无法精修；如通规不通、止规止，可对螺纹进行精修。

螺纹精修可通过修改磨耗或修改程序两种方法进行。

三、练习题

编制图 1-10-3~图 1-10-10 所示零件的加工程序。

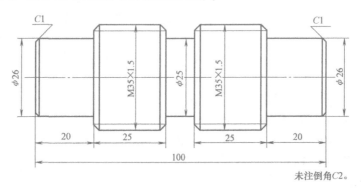

未注倒角C2。

图 1-10-3

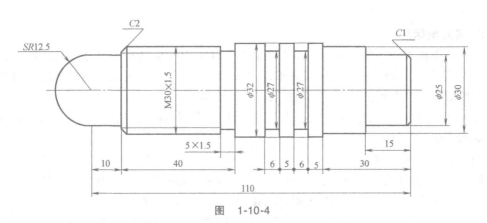

图 1-10-4

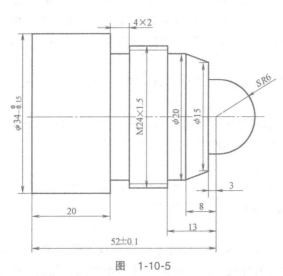

图 1-10-5

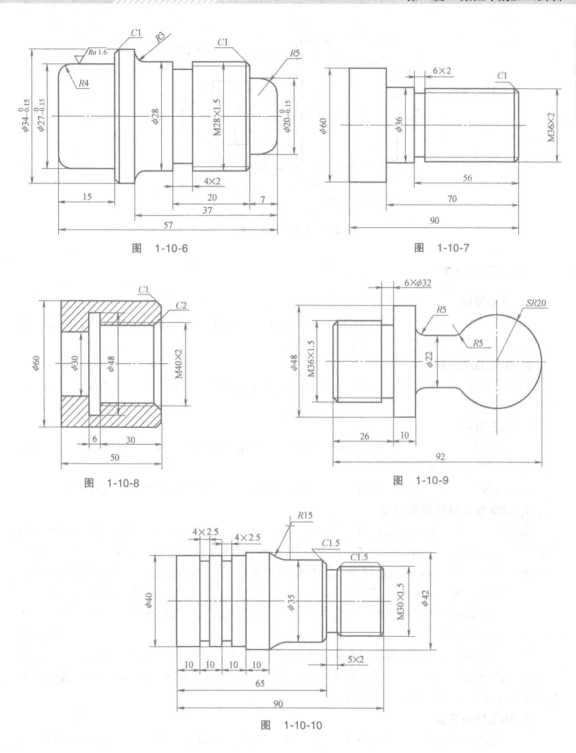

图 1-10-6

图 1-10-7

图 1-10-8

图 1-10-9

图 1-10-10

任务十一 带非圆二次曲线的车削加工

图 1-11-1 所示零件的毛坯尺寸为 ϕ50mm×71mm，材料为铝。

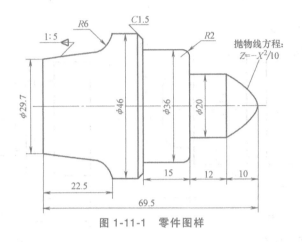

图 1-11-1 零件图样

一、工艺分析

1. 分析零件

图 1-11-1 所示零件的表面由抛物线、圆柱面、圆锥面、圆弧面和倒角组成，表面质量无严格要求，零件材料为铝，尺寸标注和轮廓描述完整。

2. 确定装夹方案

根据毛坯尺寸，确定该零件加工需分两次装夹才能完成。先加工出右端轮廓，再调头装夹右端加工左端。

3. 确定刀具

确定刀具的原则是在保证加工质量的条件下，尽量选择少的刀具，以减少装刀、对刀、换刀时间，提高加工效率。

依据此原则，本工件加工选用 93°仿形外圆车刀，完成端面和两端外轮廓的加工。

4. 确定加工路径和起刀点

根据零件图样中的几何形状和尺寸要求，第一次装夹的加工内容可分车右端面和车右端轮廓两个工步完成。车端面可直接通过手动完成，右端外轮廓采用粗车、精车完成，粗车时 X 轴方向预留精车余量 0.5mm，Z 轴方向预留精车余量 0。车右端轮廓时注意抛物线宏程序与其后的圆柱面加工程序的衔接以及 ϕ46mm 段外圆的延长，防止由于左右两端端面加工时测量误差导致最后两头出现接痕。考虑到图样中 ϕ46mm 段外圆的长度未标注为封闭环，所以将误差集中在此处。

调头装夹的加工内容可分车左端面（保证总长）、车左端轮廓、镗孔三个工步完成。车端面可直接通过手动完成，左端外轮廓采用粗车、精车完成，粗车时 X 轴方向预留精车余量 0.5mm，Z 轴方向预留精车余量 0。

5. 确定切削参数

（1）背吃刀量 在加工工艺系统（即机床、刀具、夹具、工件）刚性允许的条件下，尽可能选取较大的背吃刀量，以减少走刀次数，提高加工效率。当零件精度要求较高时，则应考虑留出精车余量，常取 0.1~0.5mm。本任务中，根据实际加工条件，车外圆时，X 轴方向背吃刀量单边取 1mm，Z 轴方向背吃刀量取 1mm。

（2）主轴转速 车外圆时，主轴转速应根据零件上被加工部位的直径和切削速度来确定，具体不再赘述。

（3）进给速度　进给速度的大小直接影响表面粗糙度值和切削效率，因此应在保证表面质量的前提下，选择较高的进给速度。一般应根据零件的表面粗糙度、刀具及工件材料等因素，查切削用量手册选取。需要说明的是，切削用量手册给出的是每转进给量，因此要根据公式 $v_f = fn$ 计算出进给速度。

6. **数值计算**（图 1-11-2、表 1-11-1）

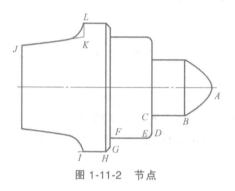

图 1-11-2　节点

表 1-11-1　节点坐标值

节点	X 坐标	Z 坐标	节点	X 坐标	Z 坐标
A	0	0	G	43	−37
B	20	−10	H	46	−38.5
C	20	−22	I	46	−49
D	32	−22	J	29.7	0
E	36	−24	K	34.2	−22.5
F	36	−37	L	46	−22.5

注意：如果图形复杂，可利用计算机绘制该图，用查询功能确定各节点的坐标值。

7. **填写机械加工工艺过程卡片**（表 1-11-2）

表 1-11-2　任务十一零件机械加工工艺过程卡片

产品名称及型号			零件名称			零件图号						
材料	名称	铝	毛坯	种类	棒料	零件重量/kg	毛重		共 1 页			
	牌号			尺寸	φ50mm×71mm		净重		第 1 页			
	性能			每台件数		每批件数						

工序	工步	工序内容	同时加工零件数	切削用量			设备名称及编号	工艺装备名称及编号			技术等级	工时额定	
				背吃刀量/mm	切削速度/(mm/min)	转速/(r/min)		夹具	刀具	量具		单件	准备～终结
1		手动车右端面	1	0.5	60	500	华中数控车床	自定心卡盘	93°仿形车刀	游标卡尺			
		粗车右端轮廓	1	1	100	800	华中数控车床	自定心卡盘	93°仿形车刀	游标卡尺			
		精车右端轮廓	1	0.5	80	1000	华中数控车床	自定心卡盘	93°仿形车刀	游标卡尺			
2		手动车左端面，并保证总长	1	0.5	60	500	华中数控车床	自定心卡盘	93°仿形车刀	游标卡尺			
		粗车左端轮廓	1	1	100	800	华中数控车床	自定心卡盘	93°仿形车刀	游标卡尺			
		精车左端轮廓	1	0.5	80	1000	华中数控车床	自定心卡盘	93°仿形车刀	游标卡尺			
	抄写			校对			审核			批准			

二、编程

一般经济型数控机床只为用户提供直线和圆弧插补功能，对于非圆二次曲线的加工，数控机床会为用户配备类似于高级语言的宏程序功能，用户可以使用变量进行算术运算、逻辑运算和函数的混合运算。此外，宏程序还提供了循环语句、分支语句和子程序调用语句，利于编制各种复杂的零件加工程序，减少乃至免除手工编程时的烦琐数值计算，以及精简程序量。

宏程序功能中的常量有：PI，圆周率 π；TRUE，条件成立（真）；FALSE，条件不成立（假）。

1. 运算符与表达式

1）算术运算符有"+""-""*""/"。

2）条件运算符有"EQ"（=）、"NE"（≠）、"GT"（>）、"GE"（≥）、"LT"（<）、"LE"（≤）。

3）逻辑运算符有"AND"（与）、"OR"（或）、"NOT"（非）。

4）函数有 SIN、COS、TAN、ATAN、ABS、INT、SIGN、SQRT、EXP 等。

5）表达式是用运算符连接起来的由常数和宏变量构成的式子，如"175/SQRT［2］*COS［55 * PI/180］"和"#3 * 6 GT 14"。

2. 赋值语句

格式：宏变量 = 常数或表达式

说明：把常数或表达式的值送给一个宏变量称为赋值。

举例如：#2 = 175/SQRT［2］* COS［55 * PI/180］；#3 = 124.0。

3. 条件判别语句

格式一：IF<条件表达式>

　　　　…

　　　　ELSE

　　　　…

　　　　ENDIF

格式二：IF<条件表达式>

　　　　…

　　　　ENDIF

4. 循环语句

格式：WHILE<条件表达式>

　　　　…

　　　　ENDW

5. 宏程序编程

（1）定义自变量　在宏程序中一般有两种变量，即自变量和因变量，因变量随着自变量值的变化而变化。在定义自变量时应先确定该自变量代表的意义。另外，所确定的自变量应方便计算。

（2）确定变量之间的关系　在定义完自变量后，可根据方程式推导出自变量与因变量之间的关系，从而写出因变量的表达式。

（3）执行语句　用变量写出 X 和 Z 相应的表达式后用 G01 指令来执行，注意在写执行语句时，应根据非圆曲线中心在工件坐标系中的位置做相应的偏移。

（4）自变量的改变　在宏程序当中一个自变量对应一个因变量的值，要想完成一段曲线的加工，必须通过自变量的不断改变来实现。自变量改变时，步距的大小，应根据自变量所代表的意义（如角度或距离）和加工精度来确定。

（5）判断语句　判断语句主要是根据非圆曲线的终点来确定，其位置根据所使用的跳转语句来确定。例如，IF 语句一般放在宏程序的最后，WHILE 语句一般放在因变量的表达式之前。在编写判断语句时，一定要注意所写的判断语句是否包含了曲线的终点。另外，在明确坐标的情况下，最好在宏程序的前后用 G01 指令写出非圆曲线的起点坐标和终点坐标。

（6）检验　在编写完宏程序后，编程人员一般要先检查一下程序的语法和计算的正确性，语法的格式可参照对应数控系统的编程说明书。对于变量之间换算和偏移的正确性，可通过将曲线当中几个点（如起点、终点或曲线上的特殊点）的值代入来判断。

6. 参考程序

（1）右端加工参考程序

```
O0001；
（%0001；）
T0101；
M03  S800；
G00  X52  Z2；
G71  U1.5  R1  P10  Q20  X0.5  Z0  F100；
N10  G00  X0  Z2；
G01  X0  Z0  F80；
#1＝0；
WHILE ［#1  LE  10］；
#2＝－［#1＊#1］/10；
G01  X［2＊#1］ Z［#2］；
#1＝#1+0.1；
ENDW；
G01  X20；
Z－22；
X32；
G03  X36  Z－24  R2；
G01  Z－37；
X43；
X46  Z－38.5；
Z－49；
N20  X50；
G00  X100  Z100；
M05；
M30；
```

（2）左端外轮廓加工参考程序

O0002；

（%0002；）

T0101；

M03　S700；

G00　X52　Z2；

G71　U1.5　R1　P10　Q20　X0.5　Z0　F100；

N10　G00　X29.3　Z2；

G01　X34.2　Z-22.5　R6　F80；

N20　G01　X52；

G00　X100　Z100；

M05；

M30；

三、建立工件坐标系

1. 刀具的安装

将外圆车刀的前刀面朝上，刀柄下面放上标准刀垫，刀具前端不要伸出太长，依次锁紧刀架上面的紧固螺钉。

2. 工件的安装

使用自定心卡盘夹紧工件，棒料的伸出长度应考虑到零件此次装夹的加工长度和必要的安全距离。棒料轴线尽量与主轴轴线重合，以防打刀。

3. 外圆车刀的对刀

1）试车外圆，并沿原路径退回，即沿 X 轴方向不动，沿着+Z 轴方向退回。

2）用游标卡尺测出外圆直径，将测得值输入相应的试切直径中（按功能软键中的<F4>键，再找刀偏表），并按<Enter>键确认。

3）试车端面，并沿原路径退回，即沿 Z 轴方向不动，沿着+X 轴方向退回。

4）如果此时想将坐标系设立在该加工端面上，即在试切长度中输入 0，并按<Enter>键确认。

四、加工

加工前准备工作：①确保机床开启后回过参考点；②检查机床的快速修调倍率和进给修调倍率，一般快速修调倍率在 20%以下，进给修调倍率在 50%以下，以防止速度过快导致撞刀。

加工时如果不确定对刀是否正确，可采用单段加工的方式进行。在确定每把刀具在所建立的坐标系中第一个点正确后，可自动加工。在采用外轮廓加工循环指令时，轮廓循环第一次走刀时应该将速度调慢，以确定加工到工件最左端时不会车到卡爪。换刀时将速度调慢，并注意观察对刀是否正确，确保不会撞刀。对于加工精度要求较高的零件，粗加工完成后需用千分尺或其他量具测量工件，计算出相应的尺寸差并将其输入刀具磨损补偿中。

五、检测

加工完后对零件的尺寸精度和表面质量做相应的检测，分析原因，避免下次加工再出现类似情况。

六、练习题

编制图 1-11-3~图 1-11-10 所示零件的加工程序。

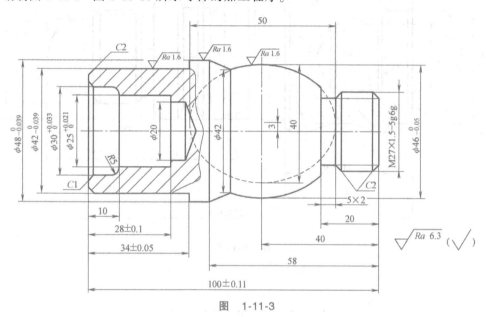

图　1-11-3

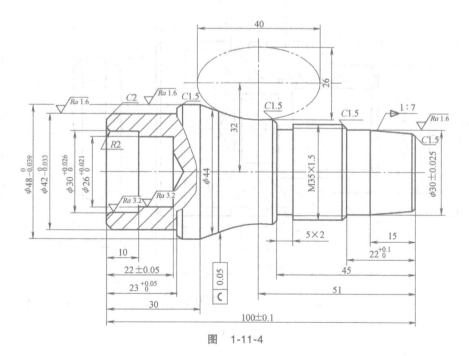

图　1-11-4

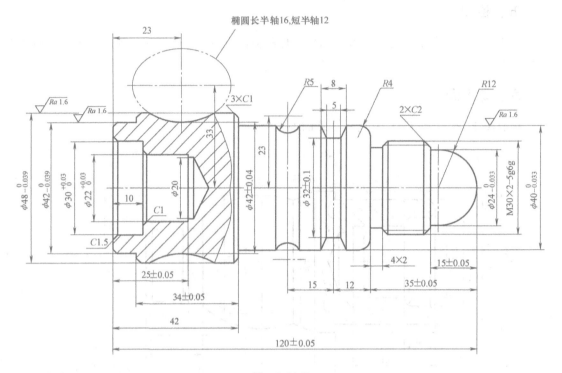

图　1-11-5

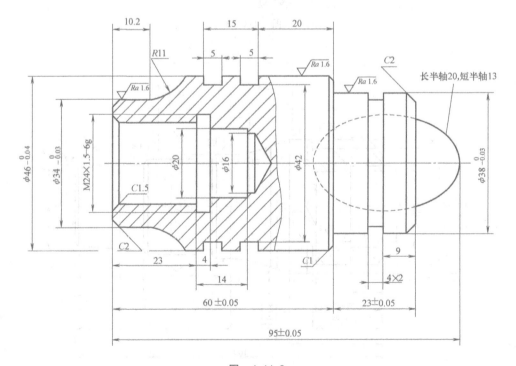

图　1-11-6

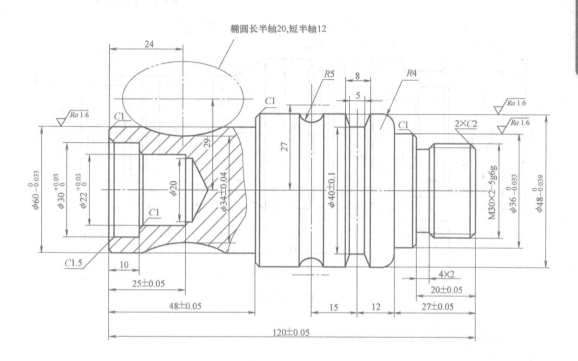

图　1-11-7

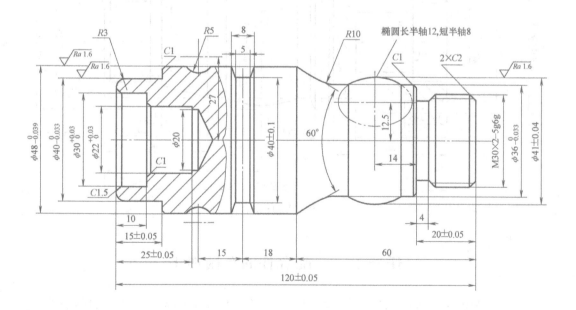

图　1-11-8

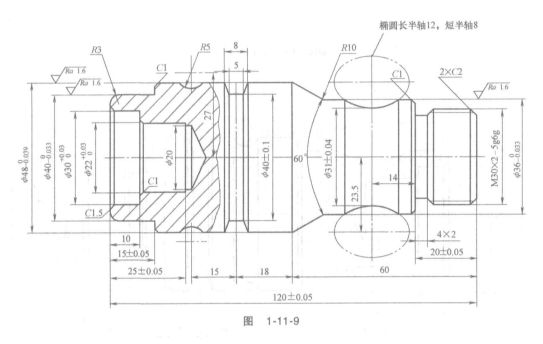

图 1-11-9

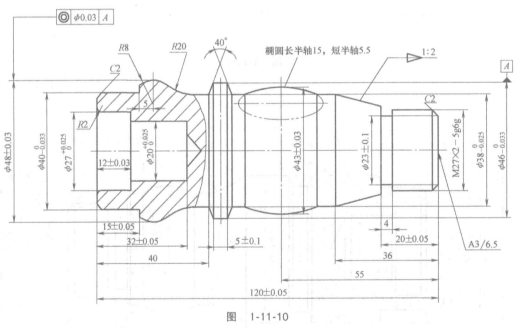

图 1-11-10

任务十二　配合件的车削加工

要求用 ϕ50mm×100mm 的铝件毛坯加工出一个 $S\phi$24mm 的球，自主设计零件形状及大小。

根据设计要求，设计出图 1-12-1~图 1-12-3 所示的三个零件。件一为带内螺纹的半球，如图 1-12-1 所示；件二为带外螺纹的半球，如图 1-12-2 所示，可通过件一和件二配合形成一个完整的球。考虑到件一的加工和装夹条件，采用件三作为过渡件完成其加工，如图 1-12-3 所示。

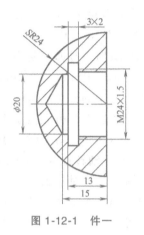
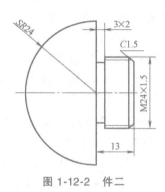
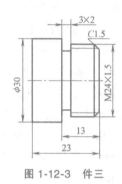

图 1-12-1　件一　　　　　　图 1-12-2　件二　　　　　　图 1-12-3　件三

一、件一的程序编制与加工

1. 件一的工艺分析

考虑到零件的实际外形和刀具的装卸方便性，确定整体加工顺序为：加工件一的内部结构→切断件一→加工件二的右端螺纹→切断件二→与件一配合，加工件二左端→加工件三→切断件三→与件三配合，加工件一外轮廓。

（1）分析零件　件一的主要加工表面为球面、内孔、内螺纹以及端面，表面质量无严格要求，零件材料为铝，尺寸标注和轮廓描述完整。

（2）确定装夹方案　根据件一的形状和整体加工顺序确定该零件要多次装夹，所以在加工内轮廓时要先将零件毛坯的外圆加工一刀，作为后面装夹的精基准。

（3）确定刀具　考虑到零件的加工表面，依据前面介绍的选刀原则确定加工件一需用六把刀：93°仿形外圆车刀，用于端面和外圆精基准的加工；3mm 切槽刀，用于切断；ϕ20mm 钻头，用于钻底孔；ϕ16mm 镗刀，用于镗螺纹底孔；ϕ16mm 内切槽刀，用于切 3mm×2mm 内槽；ϕ16mm 内螺纹镗刀，加工 M24×1.5 内螺纹。

（4）确定加工路径和起刀点　根据零件的几何形状和尺寸要求，第一次装夹毛坯加工件一的内孔，然后长度方向预留余量，切断，最后与件三配合完成外轮廓的加工。

第一次装夹毛坯，车右端面并车外圆，外圆直径方向车光即可，长度应大于件一总长，超出 4~5mm 即可。此部分加工可手动完成。手动钻底孔，镗螺纹底孔至 ϕ22.04mm，切 3mm×2mm 内槽，镗 M24×1.5 内螺纹。在孔加工时一定要注意刀具的起刀点要小于底孔，退刀时先在孔内将刀具退离工件表面（此时退刀速度应慢，避免刀柄与孔内壁碰刀），然后快速沿 Z 轴正方向退至孔外。

孔加工后，在 28mm 处切断工件，端面预留 1mm。件一外轮廓加工时需与件三配合完成，并注意保证总长。

（5）确定切削参数

1) 背吃刀量。在加工工艺系统（即机床、刀具、夹具、工件）刚性允许的条件下，尽可能选取较大的背吃刀量，以减少走刀次数，提高加工效率。当零件精度要求较高时，则应考虑留出精车余量，常取 0.1~0.5mm。根据实际加工条件，车外圆时，X 轴方向背吃刀量可取 1.5mm，车端面时 Z 轴方向背吃刀量可取 1mm。钻孔时背吃刀量为钻头半径，即 10mm。镗内孔时因排屑和冷却条件相对外圆加工时较差，所以背吃刀量比加工外圆时要小，选定为 1mm。切内槽时的背吃刀量为切槽刀的刀宽，即 3mm。内螺纹加工时的背吃刀量和外螺纹加工时的类似，分四刀加工，背吃刀量分别为 0.8mm、0.6mm、0.4mm、0.16mm。加工左端半球时由于是与件三配合完成的，所以背吃刀量相对取小一些，选定为 1mm。

2) 主轴转速。车外圆时，主轴转速应根据零件上被加工部位的直径和切削速度来确定。根据查表数值转换后，选定手动车外圆和端面时主轴转速为 600r/min。钻孔时由于背吃刀量较大，切削力较大，选定主轴转速为 350r/min。镗孔粗加工时主轴转速为 700r/min，精加工时主轴转速为 900r/min。切内槽时由于背吃刀量较大，主轴转速相对较低，选定为 400r/min。内螺纹加工时，为保证导程，必须保证主轴转一圈刀具进给一个导程，所以应严格控制主轴转速，取为 500r/min。左端半球加工时由于直径相差较大，按照要求应该用恒线速切削，但考虑到是铝件螺纹配合，所以未用，左端半球粗加工时主轴转速为 800r/min，精车时主轴转速为 1200r/min。

3) 进给速度。进给速度的大小直接影响表面粗糙度值和切削效率，因此应在保证表面质量的前提下，选择较高的进给速度。一般应根据零件的表面粗糙度、刀具及工件材料等因素，查切削用量手册选取。根据查表数值，选定手动车外圆和端面时进给速度为 60mm/min，钻孔时进给速度约为 30mm/min，粗镗孔加工时进给速度为 100mm/min，精镗孔时进给速度为 80mm/min，切内槽时进给速度为 30mm/min，车螺纹时因进给量由螺纹导程决定为 1.5mm/r，根据转速公式换算为进给速度 500r/min×1.5mm/r = 750mm/min。与件三配合加工件一左端半球时，粗加工进给速度为 100mm/min，精加工时为提高半球的表面质量，选定其进给速度为 60mm/min。

2. 件一的程序编制

手动车毛坯右端面，并将外圆车一段，长度约为 28mm，直径方向车光即可。

(1) 右端内表面加工参考程序

O0001;

（%0001;）

T0303;

M03 S700;

G00 X18 Z2;

G81 X21.5 Z-13 F100;

X22.04;

G00 Z100;

T0404;

M03 S400;

G00 X18;

Z2;

```
G01   Z-13   F100；
X26   F30；
G00   Z100；
T0404；(由于是四工位刀架,此时必须将内切槽刀卸下,装上内螺纹车刀)
M03   S500；
G00   X18；
Z2；
G82   X22.84   Z-11.5   F1.5；
G82   X23.44   Z-11.5   F1.5；
G82   X23.84   Z-11.5   F1.5；
G82   X24   Z-11.5   F1.5；
G00   Z100；
M05；
M30；
```

在 Z-27mm 处切断工件,端面预留 1mm。件一外轮廓加工时需与件三配合完成并注意保证总长。

（2）与件三配合加工件一左端半球参考程序

```
O0002；
%0002；
(T0101；)
M03   S800；
G00   X50   Z2；
G71   U0.5   R0.5   P10   Q20   X0.5   Z0   F100；
N10   G00   X0；
G01   Z0   S1200   F60；
G03   X48   Z-24   R24；
N20   X50；
G00   X100   Z100；
M05；
M30；
```

3. 建立工件坐标系

（1）刀具的安装　装夹镗刀时应严格控制中心高,为减小刀具让刀量,伸出长度约大于被加工孔深 5mm 即可。装夹内切槽刀时应在装正的同时严格控制中心高,防止打刀。装夹内螺纹车刀时,在遵守安装镗刀的装夹要求同时应严格保证螺纹车刀的牙型角不能发生变化,即要将刀柄装正,不能倾斜。

（2）工件的安装　使用自定心卡盘夹紧工件,棒料的伸出长度应大于 30mm。棒料轴线尽量与主轴轴线重合,以防打刀。

（3）内切槽刀的对刀

1）工件和刀具装夹完毕后在 MDI 方式下控制主轴旋转,转速为 300r/min,手动控制内切槽刀左刀尖接触到工件右端面，然后保持 Z 坐标不变，沿 X 轴方向移动使刀具离开工件。

2）在相应刀具刀偏表的参数"试切长度"中输入 0，从而完成 Z 向的对刀。

3）手动控制刀具接触工件镗刀对刀时车的内表面，然后保持 X 坐标不变，沿 Z 轴方向移动使刀具离开工件。主轴停转，将镗刀对刀时测得的内孔直径值输入对应刀具刀偏表的试切直径中。

（4）内螺纹车刀的对刀

1）工件和刀具装夹完毕后在 MDI 方式下控制主轴旋转，手动控制刀具接触到工件右端面，然后保持 Z 坐标不变，沿 X 轴方向移动使刀具离开工件。

2）在相应刀具刀偏表的参数"试切长度"中输入 0，从而完成 Z 向的对刀。

3）手动控制刀具接触工件镗刀对刀时车的内表面，然后保持 X 坐标不变，沿 Z 轴方向移动使刀具离开工件。主轴停转，将镗刀对刀时测得的内孔直径值输入对应刀具刀偏表的试切直径中。

内螺纹车刀对刀时不能沿 Z 轴进行端面切削，只能控制其刀位点轻触工件孔的最右端。

4. 加工

加工前准备工作：①确保机床开启后回过参考点；②检查机床的快速修调倍率和进给修调倍率，一般快速修调倍率在 20% 以下，进给修调倍率在 50% 以下，以防止速度过快导致撞刀。

加工时如果不确定对刀是否正确，可采用单段加工的方式进行。在确定每把刀具在所建立的坐标系中第一个点正确后，可自动加工。

5. 检测

内螺纹加工完成后，先不要将工件卸下，用螺纹塞规检测螺纹是否合格。如通规（T）通、止规（Z）止即加工的螺纹合格；如通规通、止规通，螺纹无法精修；如通规不通、止规止，可对螺纹进行精修。

螺纹精修可通过修改磨耗或修改程序两种方法进行。

二、件二的程序编制与加工

1. 件二的工艺分析

（1）分析零件　件二的主要加工表面为球面、槽、外螺纹和端面，表面质量无严格要求，零件材料为铝，尺寸标注和轮廓描述完整。

（2）确定装夹方案　根据零件形状和整体加工顺序，确定该零件加工需要两次装夹，先装夹毛坯加工右端，然后切断，再利用件一和件二配合，加工件二左端。

（3）确定刀具　考虑到零件的加工表面，依据前面介绍的选刀原则确定件二的加工需用三把刀：93°仿形外圆车刀，用于端面和外轮廓的加工；3mm 切槽刀，用于加工螺纹退刀槽；外螺纹车刀，用于加工 M24×1.5 螺纹。

（4）确定加工路径和起刀点　根据零件几何形状要求，第一次装夹毛坯加工件二右端的外轮廓、切槽和车外螺纹。右端加工完成后，先不要将工件卸下，用件一的内螺纹与件二的外螺纹配合。因为件一加工时内孔没有放间隙，所以一般情况下外螺纹是有精修余量的，具体精修值要根据配合情况修整，直至内外螺纹能配合上。精修完成后在 $Z-41\text{mm}$ 处手动切断。将件一和件二螺纹旋合后，装夹件一的左端，车端面保证总长，加工件二的左端半球，完成件二的全部加工。

（5）确定切削参数

1）背吃刀量。根据实际加工条件，车左右端的外轮廓时，X 轴方向背吃刀量可取 1.5mm，车端面时 Z 轴方向背吃刀量可取 1mm。加工螺纹退刀槽时背吃刀量为切槽刀的刀宽，即 3mm。加工外螺纹时分四刀加工，背吃刀量分别为 0.8mm、0.6mm、0.4mm、0.16mm。加工左端半球时由于是与件一配合完成的，所以背吃刀量相对取小一些，选定为 1mm。

2）主轴转速。根据切削用量手册查表并进行数值转换后，选定手动车端面时主轴转速为 600r/min。粗车右端外轮廓时主轴转速为 800r/min，精车时主轴转速为 1000r/min。切槽时由于是整个横刃在进行加工，背吃刀量较大，主轴转速相应要低，选定主轴转速为 400r/min。加工外螺纹时，根据前面的介绍，要严格控制主轴转速，选定主轴转速为 500r/min。加工左端半球时由于直径相差较大，按照要求应该用恒线速切削，但考虑到是铝件螺纹配合，所以未用，设定左端半球粗加工时主轴转速为 800r/min，精车时主轴转速为 1200r/min。

3）进给速度。进给速度的大小直接影响表面粗糙度值和切削效率，因此应在保证表面质量的前提下，选择较高的进给速度。一般应根据零件的表面粗糙度、刀具及工件材料等因素，查切削用量手册选取。选定手动车右端端面时进给速度为 60mm/min。粗加工左端外轮廓时进给速度为 100mm/min，精加工时为 80mm/min。切槽时进给速度约为 30mm/min。车外螺纹时因进给量由螺纹导程决定为 1.5mm/r，根据转速公式换算为进给速度 500r/min×1.5mm/r = 750mm/min。与件一配合加工件二左端半球时，粗加工进给速度为 100mm/min，精加工时以提高半球的表面质量为主，选定其进给速度为 60mm/min。

2. 件二的程序编制

右端加工参考程序如下：

```
O00001；
（％0001；）
T0101；
M03   S800；
G00   X50   Z2；
G81   X46   Z-13   F100；
X42；
X38；
X34；
X30；
X26；
X24；
G00   X100   Z100；
T0202；
M03   S400；
G00   X50；
```

Z-13；

G01　X20　F30；

G00　X100；

Z100；

T0303；

M03　S500；

G00　X26　Z2；

G82　X23.2　Z-11.5　F1.5；

G82　X22.6　Z-11.5　F1.5；

G82　X22.2　Z-11.5　F1.5；

G82　X22.04　Z-11.5　F1.5；

G00　X100　Z100；

M05；

M30；

件二左端加工程序与件一左端加工程序完全一样，所以不再重复。

3．建立坐标系

（1）刀具的安装　在安装切槽刀时应注意保持切槽刀的横刃为一水平直线，即切槽刀要装正。另外由于切槽时切削力较大，所以要严格控制切槽刀的中心高，防止中心高过低时刀具将工件挤掉或中心高过高时主后刀面进行切削，损坏刀具和零件。

安装螺纹车刀时，除了严格控制刀具中心高以外还应将刀柄装正，不能倾斜，以保证螺纹的牙型角。

（2）工件的安装　使用自定心卡盘夹紧工件，为防止切槽刀碰到卡爪端面，毛坯伸出卡爪应超过45mm。工件的轴线尽量与主轴轴线重合，以防打刀。

（3）切槽刀的对刀　由于工件外轮廓已成形，不能再进行切削，所以只能以切槽刀的刀尖轻轻接触工件的表面完成对刀。具体对刀方法如下：

1）使刀具接近工件，沿 X 轴方向速度很慢（进给倍率为×1）地接触到工件的外圆。

2）将此段外圆的直径值输入到相应的试切直径中（按功能软件中的<F4>键，再找刀偏表）并按<Enter>键确认。

3）使刀具接近工件，沿 Z 轴方向速度很慢（进给倍率为×1）的接触到工件的右端面。

4）将0输入相应刀补的试切长度，并按<Enter>键确认。

（4）螺纹车刀的对刀　用螺纹车刀的刀尖以增量×10的速度接触工件最右端最大直径的外圆，在相应的刀具补偿刀偏表的试切长度中输入0；退出刀具，沿 X 方向移动，使刀尖点接触工件外圆，在相应刀具补偿刀偏表的试切直径中输入试切外圆时测量的直径。

4．加工

加工前准备工作：①确保机床开启后回过参考点；②检查机床的快速修调倍率和进给修调倍率，一般快速修调倍率在20%以下，进给修调倍率在50%以下，以防止速度过快导致撞刀。

加工时如果不确定对刀是否正确，可采用单段加工的方式进行。在确定每把刀具在所建立的坐标系中第一个点正确后，可自动加工。

5. 检测

件二的外螺纹部分用件一的内螺纹来检测，只要内外螺纹能旋合并能配合到底即可；其余部分尺寸无严格要求，用游标卡尺检测即可。

三、件三的程序编制与加工

1. 件三的工艺分析

（1）分析零件　件三的主要加工表面为外轮廓、槽、外螺纹和端面，表面质量无严格要求，零件材料为铝，尺寸标注和轮廓描述完整。

（2）确定装夹方案　根据零件形状和整体加工顺序，确定该零件加工一次装夹完成，即装夹毛坯加工出零件全部表面后切断。

（3）确定刀具　考虑到零件的加工表面，依据前面介绍的选刀原则，确定件三的加工需用三把刀：93°仿形外圆车刀，用于完成端面和外轮廓的加工；3mm 切槽刀，用于加工螺纹退刀槽和切断；外螺纹车刀，用于加工 M24×1.5 螺纹。

（4）确定加工路径和起刀点　根据零件的几何形状和尺寸要求，装夹毛坯后先加工出件三外轮廓，然后切槽和车外螺纹。具体走刀路线可参照前面加工实例。

件三外螺纹加工完成后，先不要将工件卸下，用件一的内螺纹与件三的外螺纹配合，因为件一加工时内孔没有放间隙，所以一般情况是外螺纹是有精修余量的，具体精修值要根据配合情况修整，直至内外螺纹能完全配合上。精修完成后将在 $Z-26$mm 处手动切断。

（5）确定切削参数

1）背吃刀量。根据实际加工条件，车左、右端的外轮廓时，X 轴方向背吃刀量可取 1.5mm，车端面时 Z 轴方向背吃刀量可取 1mm。加工螺纹退刀槽时背吃刀量为切槽刀的刀宽，即 3mm。加工外螺纹时分四刀加工，背吃刀量分别为 0.8mm、0.6mm、0.4mm、0.16mm。

2）主轴转速。根据切削用量手册查表并进行数值转换后，选定手动车端面时主轴转速为 600r/min。粗车右端外轮廓时主轴转速为 800r/min，精车时主轴转速为 1000r/min。切槽时由于是整个横刃在进行加工，背吃刀量较大，因此主轴转速相应要低，选定切槽时主轴转速为 400r/min。加工时外螺纹，根据前面的介绍要严格控制主轴转速，选定主轴转速为 500r/min。

3）进给速度。进给速度的大小直接影响表面粗糙度值和切削效率，因此应在保证表面质量的前提下，选择较高的进给速度。一般应根据零件的表面粗糙度、刀具及工件材料等因素，查切削用量手册选取。根据查表数值，选定手动车右端面时进给速度约为 60mm/min，粗加工左端外轮廓时进给速度为 100mm/min，精加工时为 80mm/min，切槽时进给速度约为 30mm/min，车外螺纹时进给量由螺纹导程决定为 1.5mm/r，根据转速换算为 500r/min× 1.5mm/r＝750mm/min。

2. 件三的程序编制

参考程序如下：

O00001；

（％0001；）

T0101；

M03　S800；

```
G00   X50   Z2;
G71   U1   R10   P10   Q20   X0.5   Z0   F100;
N10   G00   X19;
Z1;
G01   X24   Z-1.5   S1000   F80;
Z-13;
X30;
Z-23;
N20   X48;
G00   X100   Z100;
T0202;
M03   S400;
G00   X32;
Z-13;
G01   X20   F30;
G00   X100;
Z100;
T0303;
M03   S500;
G00   X26   Z2;
G82   X23.2   Z-11.5   F1.5;
G82   X22.6   Z-11.5   F1.5;
G82   X22.2   Z-11.5   F1.5;
G82   X22.04  Z-11.5   F1.5;
G00   X100   Z100;
M05;
M30;
```

3. 建立坐标系

（1）刀具的安装　在安装切槽刀时应注意保持切槽刀的横刃为一水平直线，即切槽刀要装正。另外，由于切槽时切削力较大，所以要严格控制切槽刀的中心高，防止中心高过低时刀具将工件挤掉或中心高过高时主后刀面进行切削，损坏刀具和零件。

安装外螺纹车刀时，除了严格控制刀具中心高以外还应将刀柄装正，不能倾斜，以保证螺纹的牙型角。

（2）工件的安装　使用自定心卡盘夹紧工件，为防止切槽刀碰到卡爪端面，毛坯伸出卡爪应超过45mm。工件的轴线尽量与主轴轴线重合，以防打刀。

（3）切槽刀的对刀　由于工件外轮廓已成形，不能再进行切削，所以只能以切槽刀的刀尖轻轻接触工件的表面完成对刀。具体对刀方法如下：

1）使刀具接近工件，沿 X 轴方向速度很慢（进给倍率为×1）地接触到工件的外圆。

2）将此段外圆的直径值输入到相应的试切直径中（按功能软键中的<F4>键，再找刀偏表）并按<Enter>键确认。

3）使刀具接近工件，沿 Z 轴方向速度很慢（进给倍率为×1）地接触到工件的右端面。

4）将 0 输入相应刀补表的试切长度，并按<Enter>键确认。

（4）螺纹车刀的对刀　用螺纹车刀的刀尖以增量×10 的速度接触工件最右端最大直径的外圆，在相应的刀具补偿刀偏表的试切长度中输入 0；退出刀具，沿方向移动，使刀尖点接触工件外圆，在相应刀具补偿刀偏表的试切直径中输入试切外圆时测量的直径。

4. 加工

加工前准备工作：①确保机床开启后回过参考点；②检查机床的快速修调倍率和进给修调倍率，一般快速修调倍率在 20% 以下，进给修调倍率在 50% 以下，以防止速度过快导致撞刀。

加工时如果不确定对刀是否正确，可采用单段加工的方式进行。在确定每把刀具在所建立的坐标系中第一个点正确后，可自动加工。

5. 检测

件三的外螺纹部分用件一的内螺纹来检测，只要内外螺纹能旋合并能配合到底即可；其余部分尺寸无严格要求，用游标卡尺检测即可。

四、练习题

编制图 1-12-4~图 1-12-9 所示零件的加工程序。

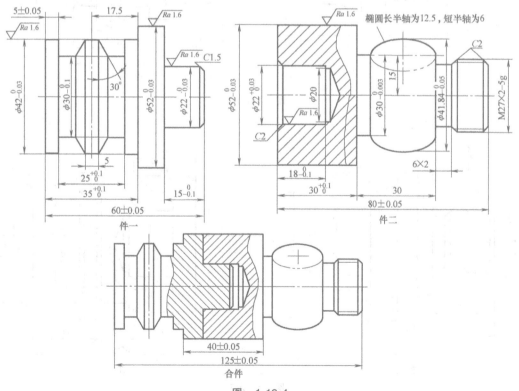

图 1-12-4

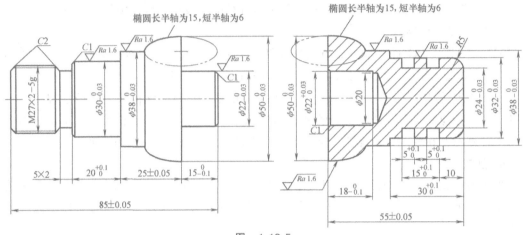

图 1-12-5

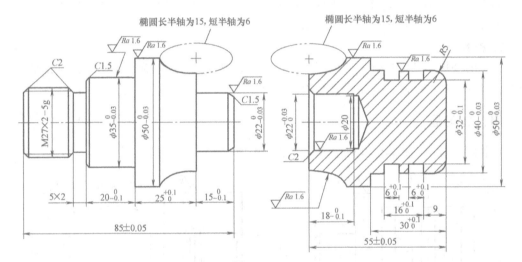

图 1-12-6

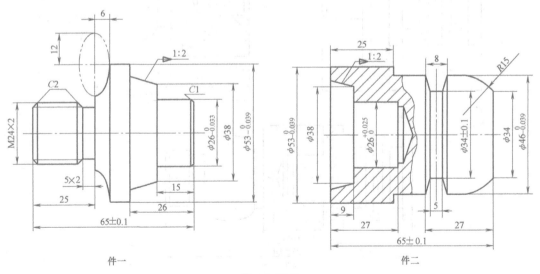

件一   件二

图 1-12-7

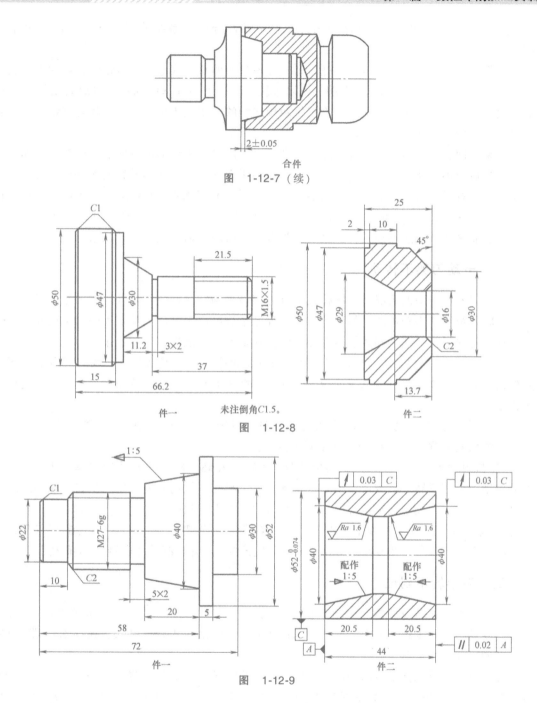

2±0.05

合件

图　1-12-7（续）

C1

21.5

ϕ50 ϕ47 ϕ30 M16×1.5

11.2 3×2

15

37

66.2

件一　　未注倒角C1.5。

25

2 10 45°

ϕ50 ϕ47 ϕ29 ϕ16 ϕ30

C2

13.7

件二

图　1-12-8

1:5

C1

M27-6g ϕ40 ϕ30 ϕ52

ϕ22

10 C2

5×2

20 5

58

72

件一

$\swarrow$ 0.03 C 　$\swarrow$ 0.03 C

Ra 1.6 　Ra 1.6

ϕ52$_{-0.074}^{0}$ ϕ40 ϕ40

配作 1:5 　配作 1:5

C 20.5 20.5

A 44

$\parallel$ 0.02 A

件二

图　1-12-9

任务十三　数控车床常见故障及其排除

一、开机显示屏不显示

开机上电后，发现显示屏不亮时，首先应先打开电控柜，查看各伺服驱动器的指示灯是否点亮，以此来判断是否是电源原因，并且是哪部分电源系统原因引起显示屏不显示的问题。

如果各伺服驱动器的指示灯不亮，则要考虑机床的总进线电源是否正常，可用万用表按"总电源空开上端→总电源空开下端→电源进线接线端子→外部电源端→电源启动按钮"的顺序测量各节点的电压是否正常，检查每两相之间的电压是否正常，以及其与零线电压是否正确。

如果各伺服驱动器的指示灯已点亮，则可以考虑电控柜内部电源问题，检查方法如下：

首先检查小型断路器 QF6（可以在断路器的正面标签上看到编号）是否跳闸。如果 QF6 正常，则查看系统后面的电源盒（需拆开控制柜后盖）是否有 220V 输入，并且是否正常输出 24V 直流电、5V 直流电。如果确定在电源盒输出有 DC 24V、DC 5V，并且插头与插口接触良好，而显示屏仍然不显示，可以判断为显示屏故障，请与生产厂家联系。

二、电动刀架不转动

出现刀架不转动的情况时，操作人员首先应该先确定操作的正确性。如果是在手动状态下，应将系统置于手动模式；如果是在执行程序过程中出现，应先检查程序的正确性。

如果排除以上情况后问题依然存在，则存在下面的可能性，可逐一排查：

1) 总进线电源的相序接反。整个机床的电器相序在出厂前已调试一致。当出现相序不对的情况时，请改变总进线电源的相序，并且只能改变总进线电源的相序。检查进线电压是否正常。

2) 刀架断路器跳闸。问题仍然存在时，打开机床后面的电控柜，查看断路器 QF2 是否跳闸。如果发生跳闸，把断路器 QF2 开关推上。

3) 接触器不动作。控制刀架的接触器是 KM7、KM8。KM7 不动作则刀库不正转，KM8 不动作则刀库不反转。检查接触器是否正常，有无异味，机构有无粘连。检查接触器线圈信号是否正确，以及控制接触器线圈信号的继电器是否发生故障。

4) 系统原因。正常情况下，当按下"刀架转动"按键时，按键上指示灯应该点亮，同时诊断界面上，诊断参数 049 第 0 位"TL+"应该为 1，并且测量继电器 KA5 有动作。

三、刀架转不到位

首先，维修人员应确定刀架电动机动力线 2M1、2M2、2M3 是否为三相 380V，用万用表分别测量接触器 KM7、KM8 的三相电压和线圈电压是否正常。其次，确定继电器 KA5、KA6 线圈电压是否正常。

确定上述情况无异常后而问题仍然存在时，将系统切换到诊断界面，观察诊断参数 000 号第 0、1、2、3 位。它们分别对应 1 号刀、2 号刀、3 号刀、4 号刀。当刀架分别转过 1、2、3、4 号刀位时，对应参数位应该由 0 变为 1，再由 1 变为 0。如果最后刀架停在 2 号刀位上，诊断参数 000 号的第 2 位为 1，其他位为 0。由此可以判断刀架转动时，刀架刀位信号是否正确。当发现诊断信号异常时，可以判断刀架信号故障。

刀架信号故障的排除方法是：应先从电控柜内开始检查，维修人员找到刀架信号线 4 根，分别为黄、橙、蓝、白、四色，分别对应 1 号刀、2 号刀、3 号刀、4 号刀。

当转到 2 号刀时，可以测量橙色线与 0V 之间的电压应为 0V，而其他信号线与 0V 之间电压应为 15V 左右。

如果电控柜端信号不正常，还需拆开刀架顶盖，以判断刀架信号是在发讯端发生故障，还是在信号连线处出现故障。如果发讯信号不正确，则可以判定为发讯端的霍尔元件已损坏，应当更换。

四、伺服出现报警

当伺服出现报警时，系统显示提示信息，并且锁死 X 轴、Z 轴。操作人员应打开电控柜，观察伺服驱动器的报警信息。一般地，电控柜内左边为 X 轴伺服驱动器，右边为 Y 轴伺服驱动器。操作人员应做好现象以及故障提示信息的记录。

当记录好故障信息时，可以尝试关闭电源，并重新开机，观察故障是否可以解除。如果不能，则应该查看《伺服说明书》，查询报警原因以及解决方案。

当《伺服说明书》提供的解决方法仍然不能排除问题时，则可以考虑伺服驱动器或则电动机或者它们之间的信号线出现了不可修复的故障。必要时，应当用替换法来确定故障所在。当故障确定后，可以咨询生产厂家，是否需要跟换。

五、系统出现报警

系统显示的报警，大多为操作原因引起。当出现此类报警时，首先应先确认操作是否正确，并记录下报警信息。认真查看《系统用户说明书》，查询报警原因以及解决方案。

当《系统用户说明书》提供的解决方法仍然不能排除问题时，则可以考虑系统或者它们之间的信号线出现了不可修复的故障。必要时，应当用替换法来确定故障所在。当故障确定后，可以咨询生产厂家，是否需要跟换。

六、水泵出水少

一般情况下，冷却水泵出水少是因为电动机相序错误造成的。机床在出厂时，整体电源相序已为一致，当水泵相序错误时，同时也会发生刀架不能转动、主轴正转不对的问题。这时，应当调整总进线电源的相序，一般情况下不需要调整单个电器的相序。

七、系统参数丢失

当系统使用过久时，其内部电池会耗尽；使用过程中常发生操作失误，人为地删减、改动参数；有时会有返厂维修等情况。这些都有可能造成系统参数的不完整、不正确，甚至导致系统不能正常使用。

出现这样的情况时，可以根据《系统用户说明书》恢复系统参数。机床的出厂设置存放在 N1、N3 盘，N2 盘为客户自行使用。进行参数恢复操作时，维修人员可以使用 N1、N3 盘的参数恢复。

需要指出的是，在平常的使用中，非生产厂家不能改动 N1、N3 盘的数据。

在恢复参数的过程中，系统原本的参数、刀补以及程序会被删除，因此应该先做好备份工作。

八、X 轴、Z 轴出现振动异响

机床在出厂前，均已经过一定的磨合期，并被调试到最合适状态，一般情况下，在加工过程中，X 轴或 Z 轴不会出现振动及明显的异响。

出现振动及异响的原因一般是电动机刚性与机床不匹配，可以通过调节电控柜中 X 轴伺服驱动器和 Z 轴伺服驱动器来消除振动。

在一般情况下，禁止更改驱动器参数，否则会造成电动机无法正常工作。当出现振动的情况时，可以调节参数 PA-5、PA-6、PA-7、PA-8、PA-9。建议先记录下原参数，调节的时候，以 10 为一个单位上下调整，直到振动消除。具体的调试说明请翻阅《伺服说明书》。

九、主轴不转

当操作人员发出主轴转动的指令时，主轴不转，此时应该首先判断主轴电动机是否已转动。如果主轴电动机已经转动，但是主轴不转，可判断因为变速箱的档位没有挂到位置。这种情况，操作人员应当先使主轴电动机停止转动，当电动机停稳后，再重新挂档。要注意，每一次挂档，都应该准确到位，这样变速箱内的齿轮才能紧密契合，否则会使齿轮严重磨损，影响使用。

如果主轴电动机也不转，则可以考虑是电气原因。一般地，机床对主轴的控制形式有两种：普通电动机，通过接触器控制；变频电动机，通过变频器控制。

如果机床为普通电动机，出现主轴不转的情况时，首先应检查操作人员的操作是否正确。确定操作无误后，维修人员可以打开电控柜，找到空气断路器 QF2，查看该断路器是否跳闸。如果断路器正常，再检查继电器 KA1。当系统正常发出正转指令时，KA1 应当吸合，并接通接触器 KM1 的线圈，使 KM1 吸合，从而电动机得电正转。可以检查继电器 KA1 电压是否正常，接触器 KM1 电压是否正常。由此可以判断主轴不转的原因。

如果机床为变频电动机，则可以看到电控柜内有控制主轴电动机的变频器。通过变频器的参数设置、信号输入/输出，可以控制和影响主轴电动机的转速。关于具体的变频器设置方法，应当认真参看随机配有的《变频器说明书》。

需要注意的是，变频器的各个参数在出厂前，已经被设置好，非专业人员不要改动。

第二篇

数控铣削加工实训

任务一 认识数控铣床

一、学习实训室规章制度

学生实训安全守则

1）进入车间时，要穿好工作服，大袖口要扎紧，衬衫要扎入裤内。长发的要戴安全帽并将发辫纳入帽内。不得穿凉鞋、拖鞋、高跟鞋、背心、裙子和戴围巾进入车间。

2）严禁在车间内追逐、打闹、喧哗、看手机等。

3）应在指定的机床和计算机上进行实习。未经允许，其他机床设备、工具和电器开关等均不得乱动。

4）操作前必须熟悉数控铣床的一般性能、结构、传动原理及控制程序，掌握各操作按钮、指示灯的功能及操作程序。在弄懂整个操作过程前，不要操作和调节机床。

5）加工零件时，必须关上防护门。不准把头手伸入防护门内，加工过程中不允许打开防护门。

6）加工过程中，操作者不得擅自离开机床，应保持思想高度集中，观察机床的运行状态。若发生不正常现象或事故时应立即终止程序运行，切断电源并及时报告指导老师，不得进行其他操作。

7）严禁用力拍打控制面板、触摸显示屏。严禁敲击工作台、分度头、夹具和导轨。

8）严禁私自打开数控系统控制柜进行观看和触摸。

数控铣床操作规范

1）开机前，要检查铣床后面中央自动润滑系统油箱中的润滑油是否充裕、切削液是否充足等。发现不充足时，应及时补充。

2）打开压缩空气开关，打开电气柜上的电气总开关。

3）按下数控铣床控制面板上的"ON"按钮，启动数控系统，等自检完毕后进行数控铣床的强电复位。

4）手动返回数控铣床参考点。首先返回+Z方向，然后返回-X和+Y方向；返回参考点后应及时退出参考点，先退出+X和-Y方向，然后退出-Z方向。

5）手动操作时，在X、Y轴移动前，必须使Z轴处于较高位置，以免撞刀。

6）数控铣床出现报警时，要根据报警号查找原因，及时排除报警。

7）更换刀具时注意操作安全。在装入刀具时应擦净刀柄和刀具。

8）在自动运行程序前，必须认真检查程序，确保程序的正确性。在操作过程中必须集中注意力，谨慎操作，运行过程中，一旦发现问题，及时按下复位或紧急停止按钮。

9）实习学生在操作时，禁止旁观的同学按控制面板上的任何按钮、旋钮，以免发生意外及事故。

10）严禁任意修改、删除机床参数。

11）关闭数控铣床前，应使刀具处于较高位置，把工作台上的切屑清理干净，将进给倍率修调旋钮置零。

12）关机时，先按下控制面板上的"OFF"按钮，然后依次关闭电气总开关、压缩空气开关。

二、数控铣削实训的目的及学习方法

1. 实训目的

通过实训，学生了解数控铣床的一般结构和基本工作原理，掌握数控铣床的功能及其操作使用方法，掌握常用功能代码的用法，学会中等复杂程度支架类、箱体类零件的手工编程和自动编程方法，掌握数控加工中的编程坐标系与机床坐标系之间的关系，学会工件、刀具的装夹及对刀方法，巩固并加深工艺、刀具等铣削加工相关知识，接受相关生产劳动纪律及安全生产教育，培养良好的职业素养。要求学生通过实训能达到数控铣床高级工水平。

2. 学习方法

本课程的显著特点是实践性强，教师在授课过程中，应以数控加工工艺方案的制订和加工程序的编制为主线，将理论教学和实训教学一体化，以实例加工为载体，将加工工艺和数控编程融入实训当中，用理论指导操作，让学生在操作中深化对理论知识的理解。将基本技能和技术应用能力训练贯穿于学习的全过程，采用循序渐进、螺旋上升的渐进式目标学习法，通过边学边做的方法来完成学习过程，着重培养发现问题、思考问题、分析问题、解决问题的能力。

同其他知识和技能的学习一样，掌握正确的学习方法对提高数控加工实训的学习效率和质量起着十分重要的作用。下面是几点建议：

1）在实训过程中注重培养规范的操作习惯和严谨、细致的工作作风。

2）将加工过程中所遇到的问题、失误及其解决方法和学习要点记录下来，积累的过程就是提高的过程。

3）重视加工工艺经验的积累，熟悉所使用的机床、刀具、材料的特性，通过实际加工和总结提升实践经验。

三、数控铣床典型结构认知

数控铣床的结构如图 2-1-1 所示。除铣床基础部件外，数控铣床还包括以下部分：①主传动系统；②进给系统；③实现工件回转、定位的装置和附件；④实现某些部件动作和辅助功能的系统及装置，如液压、气动、润滑、冷却等系统和排屑、防护等装置。

铣床基础件称为铣床大件，通常是指床身、底座、立柱、横梁、滑座、工作台等。它是整台铣床的基础和框架。铣床的其他零部件或者固定在基础件上，或者工作时在它的导轨上运动。其他机械结构的组成按铣床的功能需要选用。

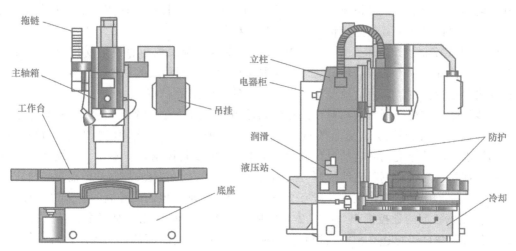

图 2-1-1　数控铣床的结构

1. 常见的铣床按功能分

（1）卧式升降台铣床　其主要特点是主轴呈水平位置，工作台、床鞍和升降台分别做纵向、横向和垂直方向移动，装夹在工作台上的工件可在相互垂直的三个方向实现进给运动，工件和夹具的重量不能过重。卧式升降台铣床主要用于铣削平面、沟槽和多齿零件等。

（2）万能升降台铣床　其结构与卧式升降台铣床基本相同，但在工作台与床鞍之间增加了一个回转盘。它能加工螺旋槽等复杂零件。

（3）立式升降台铣床　其主要特点是主轴垂直安置，但能在垂直平面内调整一定的角度，工作台、床鞍和升降台等均与卧式升降台铣床相同。该类铣床可用面铣刀或立铣刀加工平面、斜面、沟槽、台阶等表面。

（4）万能工具铣床　该类铣床的特点是具有一个水平方向的主轴，并在主轴前端可安装一个垂直方向的主轴，可在升降台上安装万能角度工作台、圆形工作台、水平工作台、分度头和机用虎钳等多种附件，因此具有广泛用途，特别适用于加工各类夹具、工具、刀具、模具等复杂零件。

（5）床身式铣床　它的工作台只能做纵向和横向运动，垂直运动由主轴箱沿床身导轨的升降来实现，机床部件较少，整体刚性好，工作台宽度的尺寸规格介于升降台铣床与龙门铣床之间。它适用于高速切削或加工比较重和比较大的工件。

（6）圆形工作台铣床　这种铣床也属于工作台不升降铣床范畴。圆形工作台做缓慢的连续转动，实现进给运动，整个主轴箱沿立柱导轨上下移动，滑座可在底座导轨上做横向移动。该类铣床适用于加工中等尺寸的工件。

（7）龙门铣床　这是一种大型铣床，它分为横梁移动式和龙门架移动式两种。根据工作台宽度的不同，龙门铣床分别有二、三、四个铣头，每个铣头都有一个独立的主运动部件，铣头有微调机构。对于龙门架移动式铣床，其工作台及工件固定不动，龙门架沿导轨做进给运动。龙门铣床适用于加工大型工件，在成批和大批生产中应用较多。

2. 数控机床按照其控制方式分

（1）点位控制数控机床　如图 2-1-2a 所示，刀具从某一位置向另一位置移动时，不管中间的轨迹如何，只要刀具最后能正确到达目标位置的控制方式，称为点位控制。刀具在从点到点的移动过程中，只做快速空程的定位运动，因此点位控制不能用于加工过程的控制。这类机床有数控钻床、数控坐标镗床、数控压力机等。

（2）直线控制数控机床　如图 2-1-2b 所示，直线控制又称为直线切削控制或平行切削控制，除了保证点到点的准确位置之外，还要保证两点之间移动的轨迹是直线，而且对移动的速度也要进行控制，以便适应随工艺因素变化的不同需要。

直线控制方式可控制刀具相对于工作台以适当的进给速度，沿着平行于某一坐标轴方向或与坐标轴成 45°的斜线方向做直线轨迹的加工。这种方式是一次同时只有某一轴在运动，或让两轴以相同的速度同时运动以形成 45°的斜线，所以其控制难度不大，系统结构比较简单。一般都是将点位控制与直线控制方式结合起来，组成点位直线控制系统而用于机床上。

简易数控车床、数控镗铣床一般有 2~3 个可控坐标轴，但同时控制的坐标轴只有一个。

（3）轮廓控制的数控机床　如图 2-1-2c 所示，轮廓控制是能够对两个或两个以上运动坐标的位移及速度进行连续相关的控制，因而可进行曲线或曲面的加工。轮廓控制方式下，可控制刀具相对于工件做连续轨迹的运动，能加工任意斜率的直线、任意大小的圆弧，配以自动编程计算时，还可加工任意形状的曲线和曲面。典型的轮廓控制型机床有数控铣床、功能完善的数控车床、数控磨床、数控电加工机床。

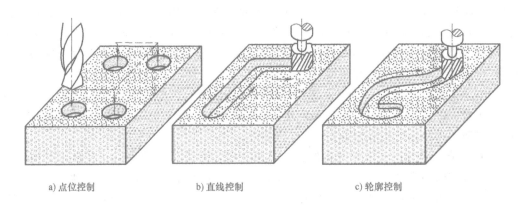

a) 点位控制　　　　　b) 直线控制　　　　　c) 轮廓控制

图 2-1-2　控制方式的分类

数控机床加工时的横向、纵向等进给量都是以坐标数据来进行控制的。像数控车床、数控线切割机床等是二坐标轴控制，数控铣床则是三坐标轴控制，此外还有四坐标轴、五坐标轴甚至更多的坐标轴控制的加工中心等。坐标联动加工是指数控机床的几个坐标轴能够同时进行移动，具有获得平面直线、平面圆弧、空间直线、空间螺旋线等复杂加工轨迹的能力。当然也有一些早期的数控机床尽管具有三个坐标轴，但能够同时进行联动控制的可能只是其中两个坐标轴，因此属于二坐标联动的三坐标机床。这类机床就不能获得空间直线、空间螺旋线等复杂加工轨迹。要想加工复杂的曲面，只能采用在某平面内进行联动控制，第三轴做单独周期性进给的"两维半"加工方式。

二坐标和多坐标联动加工如图 2-1-3 和图 2-1-4 所示。一台数控机床，所谓的几坐标是指坐标系中有几个运动采用了数字控制。二坐标数控车床是在坐标系中，两个方向的运动采用了数字控制；三坐标数控铣床是在坐标系中，三个方向的运动采用了数字控制。

二坐标加工：只能控制任意两个坐标轴联动，实现二坐标加工。

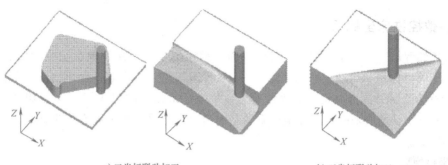

a) 二坐标联动加工　　　　　　　b) 三坐标联动加工

图 2-1-3　二坐标联动加工和三坐标联动加工

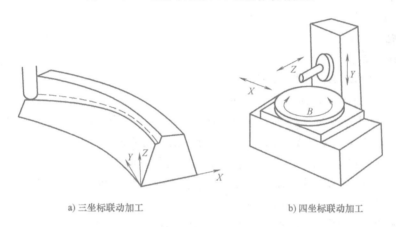

a) 三坐标联动加工　　　　　　　b) 四坐标联动加工

图 2-1-4　三坐标联动加工和四坐标联动加工

三坐标加工（3 轴控制）：能控制三个坐标轴联动，实现三坐标加工，刀具在空间的任意方向都可移动。

2.5 坐标加工：某二坐标轴联动，另一坐标轴做周期进给，将立体型面转化为平面轮廓加工，即二坐标联动的三坐标机床加工。

3 轴控制：同时控制 X、Y、Z 三个坐标轴，刀具在空间的任意方向都可移动。

4 轴控制：同时控制四个坐标轴，即在三个移动坐标之外，再加一个旋转坐标 A、B 或 C。

5 轴控制：同时控制五个坐标轴，即在三个移动坐标之外，再加旋转坐标 A、B、C 中的任意两个。

3. 与普通机床相比数控机床的特点

1) 加工精度高，加工质量稳定。

2) 自动化程度高，操作者劳动强度低。

3) 生产率高。

4) 适应性强。

5) 有良好的经济效益。

6) 有利于现代化管理。

应根据不同的加工零件，选择不同的机床，这样才能有效地提高生产率和经济效益。

四、数控铣床坐标系

在数控编程时，为了描述机床的运动、简化程序编制的方法及保证记录数据的互换性，将数控机床的坐标系和运动方向标准化，ISO 和我国都拟订了命名的标准。机床坐标系是以机床原点 O 为坐标系原点并遵循右手笛卡儿直角坐标系建立的由 X、Y、Z 轴组成的直角坐标系。机床坐标系是用来确定工件坐标系的基本坐标系，是机床上固有的坐标系，并设有固定的坐标原点。

1. 坐标原则

1）遵循右手笛卡儿直角坐标系。

2）永远假设工件是静止的，刀具相对于工件运动。

3）刀具远离工件的方向为正方向。

2. 坐标轴

（1）先确定 Z 轴

1）传递主要切削力的主轴为 Z 轴。

2）若没有主轴，则 Z 轴垂直于工件装夹面。

3）若有多个主轴，选择一个垂直于工件装夹面的主轴为 Z 轴。

（2）再确定 X 轴　X 轴始终水平，且平行于工件装夹面。

1）没有回转刀具和工件时，X 轴平行于主要切削方向，如数控刨床。

2）有回转工件时，X 轴沿径向，且平行于横滑座，如数控车床、数控磨床。

3）有刀具回转的机床，分以下三类：

① Z 轴水平，由刀具主轴向工件看，X 轴水平向右。

② Z 轴垂直，由刀具主轴向立柱看，X 轴水平向右。

③ 对于龙门铣床，由刀具主轴向左侧立柱看，X 轴水平向右。

（3）最后确定 Y 轴　按右手笛卡儿直角坐标系确定，如图 2-1-5 所示。

3. 机床坐标系旋转运动及附加轴

（1）旋转运动　绕 X、Y、Z 轴的旋转运动分别用 A、B、C 来表示，按右手螺旋定则确定其正方向。

（2）附加轴

1）附加轴的移动坐标用 U、V、W 和 P、Q、R 表示。

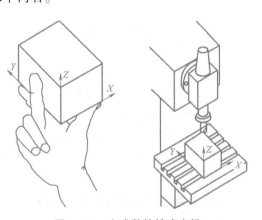

图 2-1-5　立式数控铣床坐标

2）附加轴的旋转坐标用 D、E、F 表示。

（3）工件的运动　工件运动的正方向与刀具运动的正方向正好相反，分别用 $+X'$、$+Y'$、$+Z'$ 表示。

4. 机床原点

机床原点是指在机床上设置的一个固定点，即机床坐标系的原点，它是在机床装配、调试时就确定下来的，是数控机床进行加工运动的基准参考点，是不能更改的。在数控铣床上，机床原点一般取在 X、Y、Z 坐标的正反向极限位置上。

五、数控铣床的常用对刀操作

工件坐标系是编程时使用的坐标系，又称编程坐标系。该坐标系是人为设定的，一般设置在工件某已知点上，使程序编辑方便，减少尺寸换算，提高加工精度。工件坐标系一旦建立，就一直有效，直到被新的工件坐标系取代。

1. X、Y 轴工件坐标系的建立

步骤如下：

1）先将工件用夹具固定在工作台上。

2）将对刀原件（可以是铣刀、偏心分中棒、光电式寻边器）装到主轴上，并在 MDI 模式下设定主轴转速为 500r/min。

3）按 POS 键，使 CRT 显示器界面上显示机床坐标。

4）用手轮摇动工作台，使工件左边接触到对刀元件，并记录此时得机床 X 值，抬起刀具。

5）用手轮摇动工作台，使工件右边接触到对刀原件，并记录此时得机床 X 值，抬起刀具。

6）将两次记录得 X 坐标值相加后除以 2，即得工件坐标系原点 X 方向坐标值。将此值输入对刀程序中对应的坐标系 G54～G59 的 X 值中，X 方向对刀完成。

7）Y 方向对刀与 X 方向对刀相似，使对刀原件分别接触到工件得前、后位置并记录机床坐标值，然后将两次记录的值相加后除以 2，即得工件坐标系原点 Y 方向坐标值，将此值输入对刀程序中对应的坐标系 G54～G59 的 Y 值中，Y 方向对刀完成。

2. Z 轴工件坐标系的建立

Z 轴工件坐标系是以工件上表面任意位置为原点。在对刀时，如果是毛坯料，可以直接用刀具（主轴转速 500r/min）接触工件表面最低点，让刀具试切工件表面，再将其 CRT 显示器界面上显示的当前 Z 轴机床坐标值直接输入工件坐标系 G54～G59 里。Z 轴工件坐标系的输入与 X、Y 轴的输入方法一样。

此外，如果是加工成半成品的工件，Z 轴工件坐标系的建立方法如下：

（1）Z 轴设定器对刀　Z 轴设定器有一定高度，一般是 50～100mm。对刀时，将 Z 轴设定器放在工件表面，用刀具接触 Z 轴设定器，使表针对 "0"，然后将 CRT 显示器界面上显示的当前 Z 轴机床坐标值加上 Z 轴设定器高度，得出实际坐标值，再将其输入工件坐标系 G54～G59。用设定器对刀，也可先将设定器的高度输入工件坐标系原点（EXT）偏置 Z 坐标值里，再将实际 Z 轴机械坐标值输入工件坐标系 G54～G59，这时不能再加定位器高度了，否则在加工时会发生撞刀。

（2）塞尺对刀　塞尺对刀与 Z 轴设定器对刀方法一样，对好刀后，将机床坐标加上塞尺的厚度输入工件坐标系。

（3）纸片对刀　这种对刀要求操作人员对机床操作比较熟练。对刀时，将纸片放在工件表面，主轴运转，把刀具用手轮移动到离工件表面 3～5mm 处，将手轮的倍率调节到×10，缓慢下刀，当刀具接触纸片时，纸片会随着刀具的转动而运转。也可以用一只手调节手轮，另一只手不停拉动纸片，直到拉动纸片时，纸片上有划痕或划破的痕迹，就说明刀具与工件

表面已接触。然后将 CRT 显示器界面上显示的当前 Z 轴机床坐标值直接输入工件坐标系 G54~G59。

工件坐标系的建立（对刀）分为 X、Y 向对刀和 Z 向对刀。根据现有条件和加工精度要求选择对刀方法，可采用试切法、寻边器对刀、自动对刀等。其中试切法对刀精度较低，加工中常用寻边器和 Z 轴设定器对刀，效率高，能保证对刀精度。对于对称零件，工件原点设在对称中心上；对于一般零件，工件原点设在工件轮廓某一角上，Z 向零点一般设在工件上表面。

3. 在对刀操作过程中需注意的问题

1）根据加工要求采用正确的对刀工具，控制对刀误差。

2）在对刀过程中，可通过改变微调进给量来提高对刀精度。

3）对刀时需小心谨慎操作，尤其要注意移动方向，避免发生碰撞危险。

4）对刀数据一定要存入与程序对应的存储地址，防止因调用错误而产生严重后果。

4. 刀具补正

为了提高工作效率，在加工工件之前，要把所使用刀具加工的坐标点对好。所有刀具对刀时，X、Y 轴的工件坐标值是不会发生任何变化的，只是 Z 轴坐标值发生变化，因使用的刀具长度长短不一，换刀时对刀基准也随之而改变。要使刀具重新回到工件坐标系原点，只需考虑 Z 轴坐标值的变化。其实不管用多少把刀具，这时都可以采用刀具长度补正来进行对刀，从而避免了对每把刀具工件坐标系原点进行烦琐的输入。刀具长度补正是以第一把刀具为基准测得所使用刀具的长度差，再将此长度差输入刀具长度补偿表中，然后在程序中调用对应的长度补偿号，机床系统自动进行刀具长度补偿。

综上所述，不管使用哪种对刀方法，其目的是一样的，即确定工件坐标系原点在机床坐标系里的位置，将其建立在工件坐标系里，在编程时编程坐标原点要与其一致，才能加工出合格的产品。

任务二　数控铣床维护与保养

数控机床的使用比普通机床的使用难度要大，因为数控机床是典型的机电一体化产品，它涉及的知识面较宽，即操作人员应具有机、电、液、气等更宽广的专业知识。再有，由于电气控制系统中的 CNC 系统升级、更新换代比较快，如果操作人员不定期参加专业理论培训学习，则不能熟练掌握新的 CNC 系统应用。因此对操作人员提出的素质要求是很高的。为此，必须对数控操作人员进行培训，使其对机床原理、性能、润滑部位及润滑方式进行较系统的学习，为更好地使用机床奠定基础。同时在数控机床的使用与管理方面制订一系列切合实际、行之有效的措施。

第一，要为数控机床创造一个良好的使用环境。由于数控机床中含有大量的电子元器件，它们最怕阳光直接照射，也怕潮湿和粉尘、振动等，这些因素均可使电子元器件腐蚀变坏或造成元器件间的短路，引起机床运行不正常。为此，对数控机床的使用环境应做到保持清洁、干燥、恒温和无振动，对于电源应保持稳压。

第二，严格遵循正确的操作规程。无论什么类型的数控机床，都有一套自己的操作规程，这既是保证操作人员人身安全的重要措施之一，也是保证设备安全、使用产品质量等的重要措施。因此，使用者必须按照操作规程正确操作，如果机床是第一次使用或长期不用，那么应先使其空转几分钟，并要特别注意使用中开关机的顺序和注意事项。

一、安全操作

1）数控铣床是一种精密的设备，所以对数控铣床的操作必须做到"三定"，即定人、定机、定岗。

2）操作人员必须经过专业培训并且能熟练操作，非专业人员勿动。

3）在操作前必须确认一切正常后，再装夹工件。

二、日常维护和保养

1）操作人员在每班加工结束后，应清理干净散落于工作台、导轨等处的切屑和油污；在工作结束前，应将各伺服轴返回原点后停机。

2）检查确认各润滑油箱的油量是否符合要求，对各手动加油点按规定加油。

3）注意观察机器导轨与丝杠表面有无润滑油，使之保持润滑良好。

4）检查并确认液压夹具运转情况、主轴运转情况正常。

5）工作中随时观察积屑情况，切削液系统是否工作正常，积屑严重时应停机清理。

6）如果离开机器时间较长，要关闭电源，以防非专业者操作。

三、每周的维护和保养

1）每周要对机器进行全面的清理；各导轨面和滑动面及各丝杠加注润滑油。

2）检查和调整传动带，压板及镶条松紧适宜。

3）检查并拧紧滑块固定螺钉及进给传动机构、手轮、工作台支架的螺钉。

4）检查过滤器是否干净，若较脏，必须清洗。

5）检查个电器柜过滤网，清洗黏附其上的尘土。

四、每月与每季度的维护和保养

1）检查各润滑油管要畅通无阻、视窗明亮，并检查油箱内有无沉淀物。

2）清理机床内部切屑和油污。

3）各润滑点加油。

4）检查所有传动部分有无松动，检查齿轮与齿条啮合情况，必要时调整或更换。

5）检查强电柜及操作平台，各紧固螺钉是否松动，用吸尘器或吹风机清理柜内灰尘。检查接线头是否松动（详见机床电气说明书）。

五、每年的维护和保养

1）检查滚珠丝杠，清洗丝杠上的旧润滑脂，换新润滑脂。

2）更换各轴轴承的润滑脂，更换时，一定要把轴承清洗干净。

3）清洗各类阀、过滤器，清洗油箱底，按规定换油。

4）清洗主轴润滑油箱，更换润滑油。

5）检查电动机换向器表面，去除毛刺，吹净炭粉，磨损过多的电刷要及时更换。

6）调整电动机传动带松紧。

7）清洗离合器片，清洗切削液箱并更换切削液，更换切削液泵过滤器。

任务三　FANUC 系统数控铣床基本操作

一、FANUC 系统数控铣床面板

FANUC 系统数控铣床面板如图 2-3-1 所示，由 CRT 显示器（图 2-3-2）、MDI 键盘（图 2-3-3 和图 2-3-4）和机床控制区部分组成。

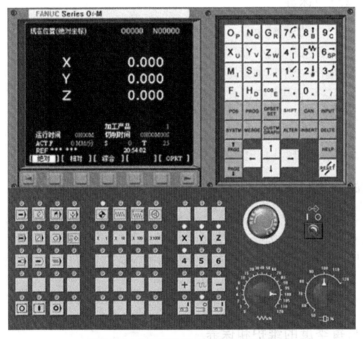

图 2-3-1　FANUC 系统数控铣床面板

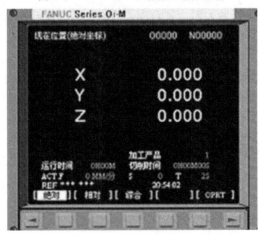

图 2-3-2　CRT 显示器

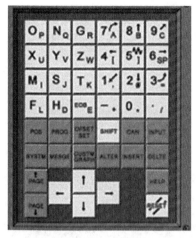

图 2-3-3　编辑区　　　　　　　　　　　　　　　　图 2-3-4　数字/字母键

1. 显示器

按下不同的功能键，CRT 显示器可显示机床坐标值、程序、刀补库、系统参数、报警信息和走刀路线等。此外，对应不同的功能键，在 CRT 显示器的下方显示不同的软键，用户可利用这些软键来实现对相应信息的查阅和修改，如图 2-3-2 所示。

2. 编辑区

（1）数字/字母键　数字/字母键用于输入数据到输入区域。字母和数字键通过 SHIFT 键切换输入，如：O—P，7—A。

（2）编辑键

ALTER 替换键：用输入的数据替换光标所在的数据。

DELTE 删除键：删除光标所在的数据；或者删除一个程序；或者删除全部程序。

INSERT 插入键：把输入区域中的数据插入到当前光标之后的位置。

CAN 取消键：消除输入区域内的数据。

INPUT 输入键：把输入区域内的数据输入参数界面。

EOB E 回车换行键：结束一行程序的输入并且换行。

SHIFT 上档键。

（3）主功能键

POS 位置显示键：用于显示当前的位置。显示方式有三种，用 PAGE 键选择。

PROG 程序显示与编辑键：用于显示程序，在不同工作方式下显示不同的内容。

1）在自动运行方式下，显示正在执行的程序。

2）在 MDI 方式下，显示 MDI 方式下输入的程序和模态数据。

OFFSET SET 参数输入键：用于设定、显示刀具补偿值和其他数据。按第一次进入坐标系设置界面，按第二次进入刀具补偿参数界面。进入不同的界面以后，用 PAGE 键切换。

SYSTM 系统参数键：用于系统参数的设定和显示。

89

信息键：用于显示各种信息，如"报警"。

图形参数设置键：用于用户宏界面或图形的显示。

（4）系统帮助键

（5）复位键

（6）翻页键

向上翻页； 向下翻页。

（7）光标移动键

向上移动光标； 向左移动光标； 向下移动光标； 向右移动光标。

3. 机床控制区（图 2-3-5）

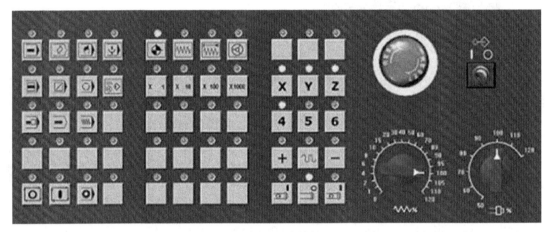

图 2-3-5　机床控制区

（1）运动方式选择键　图 2-3-6 所示八个为机床运动方式选择键，控制区的其他键基本都是配合这八个键来控制机床动作的。

图 2-3-6　机床运动方式选择键

AUTO：进入自动加工模式。

EDIT：用于直接通过操作面板输入数控程序和编辑程序。

MDI：手动数据输入。

DNC：用 RS232 电缆线连接计算机和数控机床，选择数控程序文件传输。

REF：回参考点。

JOG：手动方式，手动连续移动工作台或者刀具。

INC：增量进给。

⊙手轮方式：通过手轮移动工作台或刀具。

（2）数控程序运行控制开关

▮程序运行开始。模式选择旋钮在"AUTO"和"MDI"位置时按下有效，其余时间按下无效。

◎程序运行停止。在数控程序运行中，按下此键后停止程序运行。

（3）机床主轴手动控制开关

⊡手动开机床主轴正转。

⊡手动开机床主轴反转。

⊡手动关机床主轴。

（4）手动移动机床工作台键（图2-3-7）

（5）单步进给量控制键　选择手动移动工作台时每一步的距离。X为0.001mm，X10为0.01mm，X100为0.1mm，X1000为1mm。

（6）进给速度（F）调节旋钮　如图2-3-8所示，利用该旋钮可调节数控程序运行中的进给速度，调节范围为0~120%。置光标于旋钮上，单击鼠标左键转动。

（7）主轴速度调节旋钮　如图2-3-9所示，利用该旋钮可调节主轴速度，速度调节范围为50%~120%。

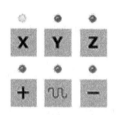

图2-3-7　手动移动工作台键　　　图2-3-8　进给速度调节旋钮　　　图2-3-9　主轴速度调节旋钮

（8）手轮　把光标置于手轮（图2-3-10）上，单击鼠标左键，按"+"键，手轮顺时针旋转，机床往正方向移动；按"-"键，手轮逆时针转，机床往负方向移动。

（9）其他控制键

单步执行开关▣：每按一次执行一条数控指令。

程序段跳读▣：自动方式按下此键，执行程序过程中跳过程序段开头带有"/"程序。

程序停止▣：自动方式下，按下此键执行到M00指令时程序停止运行。

机床空转▥：按下此键，各轴以固定的速度运动。

手动示教▧：按下此键，开启手动示教模式。

切削液开关▧：按下此键，切削液开；再按一下，切削液关。

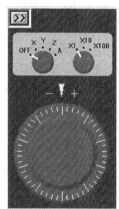

图2-3-10　手轮

在刀库中选刀 ：按下此键，执行刀库中选刀。

程序编辑开关 ：置于"ON"位置时，可编辑程序。

程序重启动 ：由于刀具破损等原因程序运行自动停止后，可以从指定的程序段重新启动。

程序锁开关 ：按下此键，机床各轴被锁住。

二、手动操作机床

1. 回参考点

1）将方式选择键选在"回参考点"。

2）按下+Z键，松开后直到Z轴原点指示灯不再闪烁。

3）按下+X、+Y键，松开后直到X、Y轴原点指示灯不再闪烁。

2. 移动机床

手动移动机床轴的方法有三种。

第一种：手动进给（JOG）模式下移动机床。

1）将方式选择键选在"手动"进给位置。

2）选择各轴"X""Y""Z"，按住方向键"−"或"+"，机床各轴移动，松开后停止移动。

第二种：手动进给（JOG）模式下快速移动机床。

1）将方式选择键选在"手动"进给位置。

2）选择不同的快速移动倍率，机床的移动速度不一样。移动速度也可通过机床参数来进行调整。

3）选择各轴"X""Y""Z"，同时按住"快移"键和方向键"−"或"+"，机床各轴移动，松开后停止移动。

第三种：手轮脉冲模式（简称手脉）下移动机床。这种方法用于微量调整。在实际生产中，使用手脉可以让操作者容易控制和观察机床移动。

1）将方式选择键选在"手轮"位置。

2）旋转手轮，对应的X轴、Y轴、Z轴会产生相对的运动。旋转一格移动的距离对应不同的手轮倍率。×1为0.001mm，×10为0.01mm，×100为0.1mm。

3. 开关主轴

1）将方式选择键选在"手轮""手动（JOG）""回参考点"某一位置。

2）按下主轴正转、反转或主轴停止键。

4. 启动程序加工零件

1）将方式选择键选在"自动运行"位置。

2）选择一个程序（参照上面介绍选择程序方法）。

3）按下"循环启动"键。

5. 试运行程序

试运行程序时，机床和刀具不切削零件，仅运行程序。

1）将方式选择键选在"自动运行"位置，此时要将机床锁住。

2）选择一个程序，如"O0010"后，按 ↓ 键调出程序。

3）按下"循环启动"键。

6. 单步运行

1）按下单段执行开关。

2）程序运行过程中，每按一次"循环启动"键执行一条程序指令。

7. 新建一个程序（程序名不能重名）

1）将方式选择键选在"编辑"状态。

2）按 PROG 键输入程序名，如"O0010"。注：程序名与分号不能一起输入。

3）按 INSERT 键，然后再按 EOB/E 键，再按 INSERT 键，插入程序名和换行符号。

8. 选择一个程序

1）将方式选择键选在"编辑"状态。

2）按 PROG 键输入程序名，如"O0010"。

3）按下 ↓ 键开始搜索，找到后 O0010 程序并将其显示在屏幕右上角程序号的位置。

9. 删除一个程序

1）将方式选择键选在"编辑"状态。

2）按 PROG 键输入程序名，如"O0010"。

3）按下 DELETE 键，O0010 程序被删除。

10. 删除全部程序

1）将方式选择键选在"编辑"状态。

2）按 PROG 键输入"0-9999"。

3）按下 DELTE 键，全部程序被删除。

11. 搜索一个指定的代码

一个指定的代码可以是一个字母或一个完整的代码，如"N0010""M""F""G03"等。搜索应在当前程序内进行。操作步骤如下：

1）将方式选择键选在"自动运行"位置。

2）按 PROG 键，选择一个程序。

3）输入需要搜索的字母或代码如"M""F""G03"。

4）按 【BG-EDT】【O检索】【检索↓】【检索↑】【REWIND】中的【检索↓】键，开始在当前程序中搜索。

12. 程序的操作

将方式选择键选在"编辑"状态。

（1）移动光标

方法一：按 PAGE↑ 键或 PAGE↓ 键翻页，按 ↑ 键或 ↓ 键移动光标。

方法二：用搜索一个指定代码的方法移动光标。

（2）输入数据 单击数字/字母键，数据被输入到输入域。CAN 键可用于删除输入域内的数据。

（3）自动生成程序段号输入　按 ![OFFSET SET] - ![SETING] 键，如图 2-3-11 所示，在参数页面中在"顺序号"一栏中输入"1"，所编程序自动生成程序段号，如 N10、N20 等。

13. 输入刀具补偿参数

1）按 ![OFFSET SET] 键进入参数设定界面，如图 2-3-12 所示，按"补正"软键。

2）通过按 ![磨耗] 和 ![形状] 软键来选择形状补偿或磨损补偿。

3）用 ↑ 或 ↓ 键选择补偿编号。

4）输入补偿值后按"测量"软键，把输入域中的内容输入到所指定的位置。

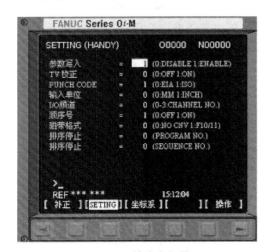

图 2-3-11　铣床参数界面

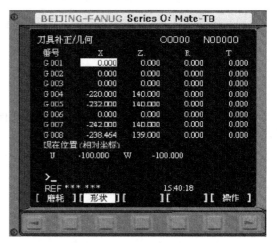

图 2-3-12　刀具补正界面

14. 位置显示

按 ![POS] 键切换到位置显示界面，用软键切换，如图 2-3-13 所示。

图 2-3-13　位置显示切换

15. MDI 手动数据输入

1）将方式选择键选在"MDI"位置。

2）按 ![PROG] 键，再按 ![MDI] 软键后，默认程序名为"O0000"，再按 ![EOB E] 键。

3）手动输入程序。

4）按下"循环启动"键后，即可运行程序。

16. 坐标系

绝对坐标系：显示机床在当前坐标系中的位置。

相对坐标系：显示机床坐标相对于前一位置的坐标。

机械坐标系：机床固有的坐标系，机床出厂后就设定好的。

综合显示：同时显示机床在以上坐标系中的位置，如图 2-3-14 所示。

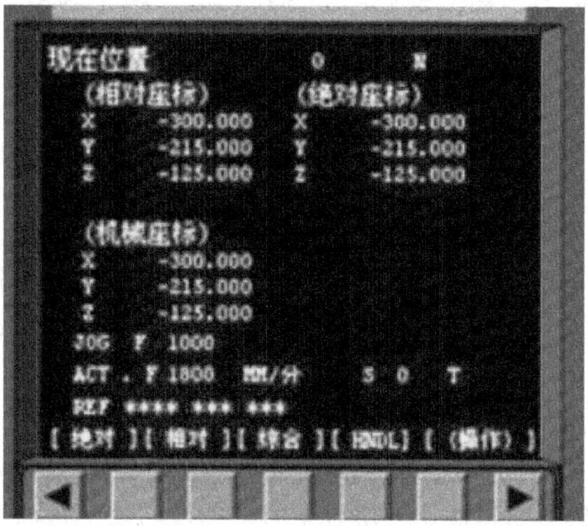

图 2-3-14 综合显示

任务四 数控铣削工艺认知

一、数控铣削常用刀具的认知

刀具选择是数铣加工中十分重要的环节，直接关系到加工精度、加工表面质量、加工效率。选择合适的刀具可以最低的成本、最短的时间获得最佳的加工质量。

1. 数控铣床常用的刀具种类

按铣刀形状可分为平刀、球刀、牛鼻刀、异形刀等；按铣刀用途可分为立铣刀、面铣刀、键槽铣刀等。按铣刀材料可分为高速钢铣刀、硬质合金铣刀、金刚石铣刀、立方氮化硼铣刀和陶瓷铣刀等。

2. 铣刀材料

铣刀刀头部分材料的性能对加工零件的表面质量、加工的经济性、铣削效率起极其重要的作用。

铣刀材料应具备的基本性能要求是：铣刀在铣削金属时，刀具的铣削部分直接和工件及切屑相接触，承受很大的切削压力、振动和冲击，并受到工件和切屑的剧烈摩擦，产生很高的切削温度。由于刀具切削部分处在高温、高压及剧烈摩擦的恶劣条件下，因此刀具材料必须具备足够高的硬度，并在高温下保持其硬度（热硬性），同时还应具备必要的强度和韧性，高耐磨性和耐热性、良好的导热性、工艺性和经济性，以及稳定的化学性能。

除了上面提出的基本要求外，为适应高速度、大进给的数控加工特点，数控铣床用刀具还必须具有更良好的切削性能和更高的可靠性；为适应自动加工的要求，也需要铣刀具有较高的寿命、高精度和可靠的断屑及排屑措施；在刀具的调整上要求更换方便、快速切精确，并且符合标准化、模块化、通用化及复合化要求。

数控铣床用材料有高速工具钢、硬质合金刚、陶瓷、立方氮化硼、金刚石。传统立铣刀材料以高速工具钢最为普遍，三面刃铣刀材料以硬质合金为主。目前在数控铣床使用的刀具中，各种涂层刀具越来越多。在高速铣削中，更高硬度刀具材料的使用已经成为基本要求。

（1）高速工具钢 高速工具钢是应用范围最广的一种工具钢，它具有很高的强度和韧性，可以承受较大的切削力和冲击，其硬度一般为 60～70HRC。高速工具钢的抗弯强度比硬质合金高 2～3 倍，韧性是硬质合金的几十倍，其切削温度可达 500～600℃。由于可加工性好，热处理变形小，高速工具钢可以用来制造各种形状复杂的刀具。

高速工具钢按切削性能可分为通用高速工具钢、高性能高速工具钢。通用高速工具钢刀具主要用于加工非金属、铸铁、普通结构钢和合金钢等，其价格便宜，应用最广；高性能高速工具钢刀具用于加工一些高强度的钢。高速工具钢按制造工艺可分为熔炼高速工具钢和粉末冶金高速工具钢。此外，新型涂层高速钢刀具在使用寿命和加工效率上都比未使用涂层的刀具有很大的提高。

（2）硬质合金 采用粉末冶金工艺制成的硬质合金，其硬度（大于 89HRC）、耐磨性、耐热性（达 800～1000℃）都很高，加工钢时的线速度可达 150～300m/min，但其韧性差、脆性大，承受冲击力和振动能力低。硬质合金刀具的切削效率是高速钢刀具的 5～10 倍，可以用来加工一般的钢、铸铁，也可用来加工高速钢刀具难以加工的淬火钢等硬材料。因此，现在硬质合金是数控机床使用的主要刀具材料。

在我国的标准中，硬质合金有 WC+Co 类、WC+TiC+Co 类、WC+TiC+TaC（NbC）+Co 类三类。

牌号中的 YG 表示 WC+Co 类硬质合金。此类硬质合金刀具强度好，硬度和耐磨性较差，主要用于加工铸铁和有色金属。Co 含量越高，韧性越好，适合粗加工；Co 含量少者用于精加工。

牌号中的 YT 表示 WC+TiC+Co 类硬质合金。此类硬质合金刀具硬度、耐磨性和耐热性都明显提高，但韧性和抗冲击性较差，主要用于加工钢件。含 TiC 量多，含 Co 量少，耐磨性较好，适用于精加工；含 TiC 量少，含 Co 量多，承受冲击性好，适合粗加工。

牌号中的 YW 表示 WC+TiC+TaC（NbC）+Co 类硬质合金。此类硬质合金刀具适用于难加工钢的加工。

在国际标准中硬质合金分为 Y、P、K 三类，它们和上述国标中三类相对应。

涂层硬质合金刀具在使用寿命和加工效率上也比未使用涂层的刀具有很大提高。涂层刀具较好地解决了材料硬度和耐磨性与强度和韧性的矛盾。

（3）陶瓷刀具材料 常用的刀具材料是以氧化铝为基本成分，在高温下烧结而成的。其硬度可达 91～95HRA，耐磨性比硬质合金高十几倍，适用于加工冷硬铸铁和淬硬钢；陶瓷刀具在 1200℃高温下仍能切削，切削速度比硬质合金刀具高 2～10 倍；具有良好的抗黏性，使它和很多金属的亲和力小；化学稳定性好，即使在熔化时，与钢也不起作用；抗氧化能力性能强。陶瓷刀具的最大缺点的脆性大、强度低导热性差。采用新工艺可以提高其性能。

（4）立方氮化硼 它有很高的硬度及耐磨性；热稳定性好，可以高速切削高温合金，切削速度比硬质合金高 3～5 倍；有良好的化学稳定性；导热性好，抗弯强度和断裂韧度介于硬质合金和陶瓷之间。

立方氮化硼刀具非常适用于数控机床加工，可用于半精加工或精加工淬硬钢、耐热合金和耐磨铸铁等。

（5）金刚石 金刚石具有极高的硬度，比硬质合金和切削用陶瓷高若干倍。金刚石具有很好的导热性，可刃磨得非常锋利，表面粗糙度值小，可在纳米级稳定切削。金刚石刀具具有较低的摩擦因数，能较好地保证工件质量。其缺点是强度低、脆性大，对振动敏感，与铁元素有较强的亲和力。所以金刚石刀具主要用于切削各种有色金属，也用于加工各种非金属材料，如石墨、橡胶、塑料、玻璃及其聚合材料等。金刚石刀具不适用于加工钢及铸铁类零件。

金刚石和立方氮化硼统称为超硬刀具材料，用于超精加工及硬脆材料加工。

3. 选择刀具应考虑的主要因素

1）工件的材料和性能。工件的材料包括有色金属、黑色金属、复合材料、塑料等；性能有硬度、刚度、塑性、韧性、耐磨性等。

2）加工工艺类别，如应考虑粗加工、半精加工、精加工等。

3）工件的几何形状、加工余量、零件精度等。

4）机床的加工能力、刀具能承受的切削用量等。

4. 铣刀类型的选择

数铣加工 CAD/CAM 中可选用的刀具种类很多，数铣中常用刀具的用途如下：

（1）平刀 用于加工凸台、凹槽、小平面。平刀主要用于开粗、平面光刀、外形光刀、清角（清根）。

（2）球刀 主要用于曲面光刀，用于平面开粗及光刀时表面粗糙度值大，效率低。

（3）牛鼻刀 主要用于开粗、平面光刀，适合于加工硬度较高的材料，常用的牛鼻刀圆角半径为 $R0.2\text{mm}$。

（4）面铣刀 用于较大平面的加工。

（5）键槽铣刀 用于型腔挖槽、加工键槽等。

5. 铣刀参数的选择

（1）平刀、键槽铣刀主要参数选择 若铣刀半径 R 应小于零件内轮廓面的最小曲率半径 R_1。零件的加工高度 H 不能太高，以保证刀具有足够的刚度。不通孔或深槽选取 $L=H+$（5~10mm），其中，L 为刀具切削部分的长度，H 为零件的加工高度。加工外形及通槽时，选取 $L=H+r+$（5~10mm），其中 r 为刀角半径。

粗加工内轮廓面时，铣刀最大直径 $D_{\max}$ 可按下式计算：

$$D_{\max}=D_1+2\left[\Delta\sin(\phi/2)-\Delta_1\right]/\left[1-\sin(\phi/2)\right]$$

式中 D_1——工件轮廓的最小凹圆角直径（mm）；

    Δ——圆角边夹角等分线上的精加工余量（mm）；

    Δ_1——精加工余量（mm）；

    ϕ——圆角两邻边的最小夹角（°）。

（2）球刀主要参数选择 球刀半径 R 等于刀角半径 r。球刀主要用于曲面精加工、圆弧槽加工、圆角加工等。加工零件内腔时，球刀的刀角半径 r 应小于内轮廓面最小曲率半径 R_1 和最小圆角半径。加工零件外凸曲面时，球刀的刀尖半径 r 可大一些，以增大铣刀刚度。某些时候，可取球刀的刀尖半径 r 等于圆弧槽或圆角半径，直接利用球刀形状加工出圆弧槽或圆角。

（3）牛鼻刀主要参数选择 牛鼻刀主要用于零件粗加工和平面光刀。铣削内槽底部时，如果槽底两次走刀时，要注意刀轨间的搭接。

（4）面铣刀主要参数选择 面铣刀用于加工较大平面，粗铣时其直径选小值，精铣时其直径选大值。

数铣加工所选择的铣刀，使用前都需对铣刀尺寸进行测量，以获得铣刀的精确尺寸，并由操作者将这些尺寸数据输入系统，经程序调用进行相应补偿，满足所需加工过程，从而加工出合格的零件。

二、切削用量的选择

选择合理的切削用量是加工中很重要的环节。编程人员必须具有正确确定每道工序切削用量的能力。切削用量包括主轴转速 n（切削速度 v_c）、进给量 f 及背吃刀量 a_p 等。

1. 确定数铣加工切削用量应考虑的主要因素

（1）加工生产率　它与切削用量三要素 a_p、f、v_c 均有一定关系，其中任一参数增大，都可使生产率提高。然而由于刀具寿命的制约，当任一参数增大时，其他二参数必须减小。因此确定切削用量时，三要素应获得最佳组合，此时的高生产率才是合理的。

（2）机床功率　背吃刀量 a_p 和切削速度 v_c 增大时，均使切削功率有较大增加。进给量 f 对切削功率影响较小。粗加工时，应尽量增大进给量。

（3）刀具寿命　切削用量三要素对刀具寿命影响的大小，按顺序为 v_c、f、a_p。因此，从保证合理的刀具寿命出发确定切削用量时，首先应尽可能采用大的背吃刀量 a_p；然后再选用大的进给量 f；最后求出切削速度 v_c。

（4）加工表面粗糙度　精加工时，增大进给量将增大加工表面粗糙度值。因此进给量是精加工时抑制生产率提高的主要因素。在较理想的情况下，提高切削速度 v_c，能降低表面粗糙度值。背吃刀量 a_p 对表面粗糙度值的影响较小。

2. 确定数铣加工切削用量的步骤

选择粗加工的切削用量，一般以提高生产率为主，但是也应考虑经济性和加工成本。选择半精加工和精加工的切削用量，应以保证加工质量为前提，兼顾切削效率、经济性和加工成本。

（1）背吃刀量 a_p 的选择　应该根据机床和刀具的刚度、加工余量多少而定。除留给下道工序的余量外，其余的粗铣余量尽可能一次切除，以使走刀次数最少、提高生产率。当粗铣余量太大或工艺系统刚性较差时，则其加工余量应分两次或数次走刀后切除。当切削表层有硬皮的铸锻件或切削不锈钢等加工硬化严重的材料时，应尽量使背吃刀量超过硬皮或冷硬层厚度，以防刀尖过早磨损。一般用立铣刀粗铣时，背吃刀量以不超过铣刀半径为原则，但一般不超过 7mm；半精铣时，背吃刀量取为 $0.5\sim1$mm；精铣时，背吃刀量取为 $0.05\sim0.3$mm。用面铣刀粗铣时，背吃刀量一般为 $2\sim5$mm；精铣时，背吃刀量取为 $0.1\sim0.5$mm。

（2）进给量 f 的选择　进给量是数控铣床切削用量中的重要参数，主要根据零件的加工精度和表面粗糙度要求，以及刀具、工件的材料性能选取。最大进给量受机床刚度和进给系统的性能限制。当工件的质量要求能够得到保证时，为提高生产率，可选择较高的进给量。一般在 $100\sim200$mm/min 范围内选取。当加工精度和表面粗糙度要求高时，进给量应选小些，一般在 $20\sim50$mm/min 内选取。生产实际中多采用查表法、经验法确定合理的进给量。粗加工时，根据工件材料、铣刀直径、已确定的背吃刀量来选择进给量。半精加工和精加工时，则按加工表面粗糙度要求，根据工件材料、切削速度来选择进给量。

（3）切削速度 v_c 的确定　目的是确定铣床主轴转速。生产中经常根据实践经验和有关手册资料选取切削速度，然后计算出主轴转速。选择切削速度的一般原则是：粗铣时，a_p 和 f 较大，故选择较低的 v_c；精铣时，a_p 和 f 均较小，故选择较高的 v_c。工件材料强度、硬度高时，应选较低的 v_c。刀具材料的切削性能越好，切削速度也选得越高。主轴转速的计算公式为

$$n = \frac{1000v_c}{D}$$

式中　v_c——切削速度（m/min），由刀具寿命决定；

$\qquad$ n——主轴转速（r/min）；

$\qquad$ D——铣刀直径（mm），计算出主轴转速 n 后，在 CAD/CAM 编程软件的主轴转速设置栏中输入接近的转速。

总之，切削用量的选择原则是：能够达到零件的质量要求时（主要指表面粗糙度和加工精度），并在工艺系统强度和刚度允许下，充分利用机床功率和发挥刀具切削性能，选取一组最大的合理切削用量。

三、铣削加工工艺路线分析

数控铣床加工的零件特征主要包括有严格位置公差要求的孔、平面，由直线、圆弧、非圆曲线等组成的外轮廓、空间曲线曲面等。数控铣床加工的工艺路线设计要根据铣床加工的特点来进行，即首先找出所有待加工的零件表面并逐一确定各表面的加工方法（工步）、使用刀具，然后进行工序的划分。数控铣床加工除了要考虑数控加工的工艺路线设计，还要考虑数控加工同其他常规加工、热处理等工艺过程的关系。

1. 铣削加工工艺路线的确定原则

加工路线是指刀具刀位点相对于工件运动的轨迹和方向。数控机床上确定工艺方案、工艺路线的原则是：

1）尽量缩短加工路线，减少空行程时间和换刀次数，以提高生产率。

2）为保证工件轮廓表面加工后的表面粗糙度要求，最终轮廓应安排在最后一次走刀中连续加工出来。

3）合理选取起刀点、切入点和切入方式，保证切入过程平稳，没有冲击。进、退刀位置应选在不大重要的位置，并且使刀具尽量沿切线方向进、退刀，避免因采用法向进退刀和进给中途停顿而产生的刀痕。

4）在连续铣削平面零件内外轮廓时，应安排好刀具的切入、切出路线。尽量沿轮廓曲线的延长线切入、切出，以免交接处出现刀痕。

5）保证加工过程的安全性，避免刀具与非加工面的干涉。

6）尽量使数值计算方便，程序段少，以减少编程工作量。

7）加工位置精度要求高的孔时，镗孔路线安排要得当，否则会影响孔位置精度。

8）型腔较深的零件采用钻削形式进行粗加工。

9）表面有硬化层的零件进行粗加工，采用逆铣较好，避免产生崩刃。为保证零件的加工精度和表面粗糙度要求，如铣削轮廓时，应尽量采用顺铣方式，可减少机床的"颤振"，提高加工质量。

2. 安全高度的确定

（1）目的　起刀和退刀必须在零件上表面一定高度内进行，以防刀具在行进过程中与夹具或零件表面发生碰撞（干涉）。在安全高度位置时刀具中心或刀尖所在的平面称为安全平面，如图 2-4-1 所示。

（2）选择　安全高度一般要大于零件表面最高位置50mm 以上。

3. 加工方法的选择

针对不同的加工对象，在数控铣床上可采用不同的加工方法。

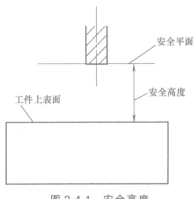

图 2-4-1　安全高度

（1）平面加工　平面加工是数控铣削的基本内容，包括圆柱铣刀铣削和面铣刀铣。圆柱铣刀铣削的特点是铣削平稳、效率高。面铣刀铣削的特点是加工效率高、平面质量好。对较小的平面可以用立铣刀铣削。立铣刀的加工特点的加工灵活，既可端铣也可周铣。

在数控铣床上还可以方便地铣削斜面。除传统的将主轴头摆动一固定角度铣削外，在表面质量允许的情况下，数控铣床还可以直接通过各坐标轴的联动来进行斜面铣削。

（2）平面轮廓加工　平面轮廓加工是铣削加工的基本特点。由于数控铣床一般都具有三轴联动功能，铣削平面轮廓时，通过一轴下刀，其余两轴联动就可以完成其加工工作。

（3）曲面轮廓加工　加工复杂的曲面轮廓是数控铣床诞生的主要原因之一，因此铣削曲面轮廓的方法非常多。实际编程加工过程中，要根据曲面形状和精度要求、刀具类型等选用不同的加工方法。

（4）孔加工　在数控机床上可加工各种孔。常规的加工可以通过钻、扩、铰、镗等方法来加工。除此之外还可以用走圆弧的方式，用铣刀直接铣任意直径的孔。

4. 加工阶段的划分

数控机床上加工零件，一般都有较高的精度要求，可以根据需要把整个加工过程划分为粗加工、半精加工、精加工等几个阶段。

粗加工阶段主要是提高生产率。在这一过程中要切除毛坯上大量的多余材料，使其形状和尺寸接近成品零件。半精加工阶段的任务是为主要表面的精加工做好准备，达到一定的加工精度，保证一定的加工余量，一般在热处理之前进行。精加工阶段是保证各主要表面达到图样规定的尺寸精度、形状精度、位置精度和表面粗糙度要求。

对于精度要求很高、表面粗糙度值要求很小的零件，有时需要进行光整加工。光整加工的主要目标是提高尺寸精度和减小表面粗糙度值，光整加工一般不能提高位置精度。

加工阶段的划分应遵循以下原则：

1）保证加工质量。粗加工因为加工余量大、切削力大、切削温度较高等因素造成的加工误差、工件变形，可经过半精加工和精加工阶段逐步得到改善与提高，从而保证加工质量。

2）有利于合理使用设备。粗加工时选用加工功率大、刚性好、生产率高、精度要求不高的设备。精加工时选用精度高的设备。划分加工阶段，不但发挥机床各自的性能特点，提高生产率，而且也有利于延长高精度机床在使用过程中保持高精度的时间。

3）方便插入必要的热处理工序，同时使热处理发挥充分的效果。例如，粗加工后工件残余应力大，可安排时效处理，消除残余应力，热处理引起的变形可在精加工阶段消除。

4）粗加工各表面后可及早发现毛坯中的诸如气孔、夹砂等缺陷，以便及时做出报废或修补的补充方案，以免造成进行精加工的浪费。

四、工序的划分

工序的划分原则包括工序集中与工序分散两种。工序集中原则就是将工件的加工集中在少数的几道工序内完成，每道工序的内容尽可能多。工序集中原则的特点是：减少设备、操作员工的数量和生产面积；减少工序的数目和半成品的数量，保证加工表面的位置精度，缩短辅助时间；由于加工设备的复杂和工序集中，对工艺准备和操作员工的技术要求较高，从而导致首件的生产准备周期较长。

数控铣床上要尽可能地采用工序集中原则来组织生产。在具体的工序划分上，一般有以下几种方法。

（1）按定位方式划分工序　这种方法一般适用于加工内容不多的工件，加工完后就能达到要求。通常是以一次安装、加工作为一道工序。

（2）按所用刀具划分工序　为了减少换刀次数、压缩空行程和换刀时间，可按刀具集中划分工序的方法加工工件，即在一次安装中尽可能用同一把刀具加工出可能加工的所有部位，然后再换一把刀加工其他部位。这种方法适用于待加工表面较多的工件。

（3）按粗、精加工划分工序　对于加工精度要求高、变形较大的工件，可采用此原则来划分工序，即先粗加工后精加工。一般来说，在一次安装中不允许将工件的某一表面粗、精加工不分地加工至精度要求后，再加工工件的其他表面。

（4）按加工部位划分工序　对于加工内容很多而复杂的零件，可按其结构特点将加工部位分成几个部分，如内腔、外形、平面或曲面等。

在实际生产中，工序划分的原则首先要保证加工质量，然后要具体考虑工件材料、生产规模、企业的实际设备情况和技术能力，综合地做好技术积累和创新工作。

五、加工顺序的安排

合理的加工顺序是生产合格产品、提高生产率的保证。加工顺序包括切削加工工序、热处理工序和辅助工序等，它们之间常常是相互交叉的。

1. 数控铣削加工顺序一般要求

（1）先基面后其他　加工的第一步总是先把精基准面加工出来，以作为定位基准。在箱体类零件加工中，一般是加工定位用平面，然后以此为精基准来加工其他表面。

（2）先粗后精　根据零件图样规定的各种技术要求，一般按粗加工、半精加工、精加工的顺序进行，精度要求较低时也可以不用半精加工。

（3）先主后次　零件的主要工作表面、装配基准面要先加工，其他内容穿插加工。

（4）先面后孔　对于既有面又有孔的零件，可以采用"先面后孔"的原则，以提高孔的加工精度。因为铣削时切削力较大，工件易发生变形，而先面后孔的加工方法，可使其变形有一段时间的恢复，减少变形对孔精度的影响。

2. 数控铣床常用装夹方法

（1）机用虎钳直接夹紧装夹　这种装夹方法是数控铣加工中非常简单、非常方便、非常经济的装夹方法。为了使定位基准和设计基准、工艺基准重合，加工前一般将软钳口粗铣、精铣一刀，以便保证加工过的两个钳口对机床一个轴的平行度和对机床另外两个轴的垂直度，定位基准的准确度很高，产生的定位误差远远小于零件本身的要求，这样不会因为钳口的问题造成零件的超差。

夹持深度一般分铝件和钢件来确定，铝件一般为 1.5~2mm，钢件一般为 2.5~3mm。若夹持深度太大，下道工序飞底时，零件会发生变形，保证不了零件的几何精度和尺寸精度。若夹持深度太小，本道工序零件加工时，零件会因为夹持力不够而在加工过程中产生移动，轻者零件报废，重者发生生产安全事故。对于易变形的零件，粗加工时夹紧力可适当大些；精加工前松动虎钳，调整装夹力，防止零件变形。用这种夹持方法可进行零件外形五个面的加工，对于卧式数控铣床，有二个面只能加工其外形，不能进行钻、铰、镗等加工。

这种装夹方法需要的辅助时间少，装夹方便，省去工装夹具的制造成本和制造时间，在小批量生产和单件试制生产中应用较为广泛。

（2）压板压紧装夹　这种装夹方法也是数控铣加工中非常常用的装夹方法。由于机用虎钳直接夹紧产生的夹紧力比较大，容易产生零件变形，即使通过调整装夹力，也无法避免变形问题。所以，通过压板压紧装夹，可以避免由于装夹力造成零件的变形。装夹零件前先加工出一个基准面，然后在基准面上加工出压板（螺钉孔）的位置和零件定位所需要的定位面或定位孔，如果要加工零件的四周外形，则需要通过倒压板进行夹紧，让开加工的部位。有时螺钉孔位置在零件表面上，则需要特殊的垫片，防止将零件表面压伤或者使零件变形。这种装夹方法在加工壁厚较薄的零件中广泛应用。

压板压紧装夹的夹具制造成本低，时间周期短，结构简单，但装夹时间较长，零件加工需要两次装夹才能完成，技巧性较高，夹紧力要适当，且要注意防止零件变形。

（3）工装装夹　工装装夹法是对复杂零件所使用的一般装夹方法。由于零件的形状和加工要求，不能用前面两种方法进行装夹的，可通过工装将零件夹紧，这样装夹既不影响加工内容，又不产生夹紧变形，夹紧力比较大，一次装夹能够完成工序内容。工装装夹法对于不同的零件，其工装的设计也会有所不同，主要目的是实现装夹可靠，操作方便，不产生夹紧变形，从而保证零件的精度要求。有的零件通过工装一次加工多件，大大减少加工的换刀时间和装夹时间，提高了加工效率。

工装装夹的夹具制造成本较高，工装时间周期较长，夹具结构较为复杂，但装夹时间短，装夹可靠方便，适合批量大的零件生产。

（4）机用虎钳和 V 形块装夹　机用虎钳和 V 形块装夹一般用于零件比较小、外形尺寸在 15mm 以下。由于零件尺寸小，无法利用上述三种装夹方法，通过 V 形块和机用虎钳或压板将零件夹紧，比较可靠、方便。加工人员还可以在一块铝块上铣出多个 V 形槽，通过压板将棒料压紧在 V 形槽上，这样可以实现一次装夹，加工多个零件，从而节省换刀次数，节约加工时间，提高加工效率，降低工人的劳动强度。

*任务五　数控铣床编程认知

一、程序的一般结构

一个完整的数控程序由程序名、程序体、程序结束三部分组成。其中程序体由若干个程序段组成，每个程序段由若干个指令构成。

华中数控系统中在输入程序之前需先建立文件（文件名以"O"打头），然后在文件中编辑程序。程序名一般以"%"后跟 1~4 位数字作为程序的起始符，如"%123"。

一个程序段由程序段号和若干个"字"组成，一个"字"由地址符和数组成。例如：

N70	G01	X0	F50	⋮
程序段号	功能字	坐标字	进给速度功能字	程序段结束换行

二、辅助功能 M

辅助功能由地址字 M 和其后的一或两位数字组成，主要用于控制零件程序的走向，以及机床各种辅助功能的开关动作。

M 功能有非模态 M 功能和模态 M 功能两种形式。非模态 M 功能（当段有效代码）只在书写了该代码的程序段中有效；模态 M 功能（续效代码）是一组可相互注销的 M 功能，这些功能在被同一组的另一个功能注销前一直有效。

三、主轴功能 S 和进给功能 F

1. 主轴功能 S

主轴功能 S 控制主轴转速，其后的数值表示主轴速度，单位为 r/min。恒线速度功能时 S 指定切削线速度，其后的数值单位为 m/min。用 G96 指令指定恒线速度有效；用 G97 指令取消恒线速度。S 是模态指令，只有在主轴速度可调节时有效。对 S 所编程的主轴转速，可以借助机床控制面板上的主轴倍率开关进行修调。

2. 进给功能 F

进给功能 F 表示加工时刀具相对于工件的合成进给速度，F 值的单位取决于 G94 指令（每分钟进给量，mm/min）或 G95 指令（主轴每转一转刀具的进给量，mm/r）。每转进给量与每分钟进给量的转化公式为

$$v_f = fn$$

式中　v_f——每分钟的进给量，也称进给速度（mm/min）；

　　　f——每转进给量（mm/r）；

　　　n——主轴转速（r/min）。

当工作在 G01、G02 或 G03 方式下时，编程的 F 值一直有效，直到被新的 F 值所取代；而工作在 G00 方式下，快速定位的速度是各轴的最高速度，与所编程 F 值无关。借助机床控制面板上的倍率按键，可在一定范围内对 F 值进行倍率修调。

四、准备功能 G

准备功能 G 指令由 G 后一位或二位数值组成，它用来规定刀具和工件的相对运动轨迹、机床坐标系、坐标平面、刀具补偿、坐标偏置等多种加工操作。

G 功能根据功能的不同分成若干组，其中 00 组的 G 功能称为非模态 G 功能，其余组的称为模态 G 功能。非模态 G 功能只在所规定的程序段中有效，程序段结束时被注销；模态 G 功能是一组可相互注销的 G 功能，这些功能一旦被执行，则一直有效，直到被同一组的 G 功能注销为止。模态 G 功能组中包含一个默认 G 功能，上电时将被初始化为该功能。没有共同地址符的不同组 G 代码可以放在同一程序段中，而且与顺序无关。例如，G90、G17 可与 G01 放在同一程序段。主要 G 代码见表 2-5-1。

表 2-5-1 主要 G 代码

代码	分组	意义	格式
G00	01	快速移动、定位	G00 X__ Y__ Z__;
G01		直线插补	G01 X__ Y__ Z__ F__;
G02		顺时针圆弧插补	XY 平面内的圆弧： $G17 \begin{Bmatrix} G02 \\ G03 \end{Bmatrix} X\_\_ Y\_\_ \begin{Bmatrix} R\_\_ \\ I\_\_ J\_\_ \end{Bmatrix};$ ZX 平面内的圆弧： $G18 \begin{Bmatrix} G02 \\ G03 \end{Bmatrix} X\_\_ Z\_\_ \begin{Bmatrix} R\_\_ \\ I\_\_ K\_\_ \end{Bmatrix};$ YZ 平面内的圆弧：
G03		逆时针圆弧插补	$G19 \begin{Bmatrix} G02 \\ G03 \end{Bmatrix} Y\_\_ Z\_\_ \begin{Bmatrix} R\_\_ \\ J\_\_ K\_\_ \end{Bmatrix};$
G04	00	暂停	G04 __;单位为 s
G15	17	取消极坐标指令	G15;
G16		极坐标指令	G17/G18/G19 G90/G91 G16;开始极坐标指令 G00 IP __;极坐标指令 G17/G18/G19:极坐标指令的平面选择 G90:指定工件坐标系的零点为极坐标的原点 G91:指定当前位置作为极坐标的原点 IP:指定极坐标系选择平面的轴地址及其值 第 1 轴:极坐标半径 第 2 轴:极角
G17	02	XY 平面	G17:选择 XY 平面
G18		ZX 平面	G18:选择 ZX 平面
G19		YZ 平面	G19:选择 YZ 平面
G20	06	英制输入	
G21		米制输入	
G28	00	回归参考点	G28 X__ Y__ Z__;
G29		由参考点回归	G29 X__ Y__ Z__;

（续）

代码	分组	意义	格式
G40		刀具半径补偿取消	G40;
G41	07	左半径补偿	G41/G42　Dnn;
G42		右半径补偿	
G43		刀具长度正补偿	G43/G44　Hnn;
G44	08	刀具长度负补偿	
G49		刀具长度补偿取消	G49;
G50		取消缩放	G50;
G51	11	比例缩放	G51 X__ Y__ Z__ P__;缩放开始 X、Y、Z:比例缩放中心坐标的绝对值指令 P:缩放比例 G51 X__ Y__ Z__ I__ J__ K__;缩放开始 X、Y、Z:比例缩放中心坐标值的绝对值指令 I、J、K:X、Y、Z各轴对应的缩放比例
G52	00	设定局部坐标系	G52 IP __;设定局部坐标系 G52 IP0;取消局部坐标系 IP:局部坐标系原点
G53		机械坐标系选择	G53 X__ Y__ Z__;
G54		选择工作坐标系 1	
G55		选择工作坐标系 2	
G56	14	选择工作坐标系 3	G54~G59;
G57		选择工作坐标系 4	
G58		选择工作坐标系 5	
G59		选择工作坐标系 6	
G68	16	坐标系旋转	⎰G17　⎧X__ Y__⎫ ⎨G18　G68⎨X__ Z__⎬R __;坐标系开始旋转 ⎱G19　⎩Y__ Z__⎭ G17、G18、G19:平面选择,在其上包含旋转的形状 ⎧X__ Y__ G68⎨X__ Z__:与指令坐标平面相应的两个轴的绝对指令, ⎩Y__ Z__ 在 G68 后面指定的旋转中心 　R:角度位移,正值表示逆时针旋转。根据指令的 G 代码(G90 或 G91)来确定绝对值或增量值。最小输入增量单位:0.001°;有 效数据范围:-360.000°~360.000°
G69		取消坐标轴旋转	
G73		深孔钻削固定循环	G73 X__ Y__ Z__ R__ Q__ F__;
G74	09	攻左旋螺纹固定循环	G74 X__ Y__ Z__ R__ P__ F__;
G76		精镗固定循环	G76 X__ Y__ Z__ R__ Q__ F__;
G90	03	绝对方式指定	G90/G91;
G91		相对方式指定	

(续)

代码	分组	意义	格式
G92	00	工作坐标系的变更	G92 X __ Y __ Z __;
G98	10	返回固定循环初始点	G98/G99;
G99		返回固定循环 R 点	
G80		固定循环取消	
G81		钻削固定循环、钻中心孔	G81 X __ Y __ Z __ R __ F __;
G82		钻削固定循环、锪孔	G82 X __ Y __ Z __ R __ P __ F __;
G83		深孔钻削固定循环	G83 X __ Y __ Z __ R __ Q __ F __;
G84	09	攻螺纹固定循环	G84 X __ Y __ Z __ R __ F __;
G85		镗削固定循环	G85 X __ Y __ Z __ R __ F __;
G86		退刀形镗削固定循环	G86 X __ Y __ Z __ R __ P __ F __;
G88		镗削固定循环	G88 X __ Y __ Z __ R __ P __ F __;
G89		镗削固定循环	G89 X __ Y __ Z __ R __ P __ F __;

五、G 指令应用

1. G00 快速移动指令

格式：G00　X __　Y __　Z __;

说明：把刀具从当前位置快速移动到命令指定的位置（在绝对坐标方式下），或者移动到某个距离处（在增量坐标方式下）。

在编程过程中，对于初学者来说，尽量少用 G00 指令，特别在 X、Y、Z 三轴联动中更应注意。在走空刀时，应把 Z 轴的移动与 X、Y 轴的移动分开进行，即多抬刀、少斜插。有时由于斜插时，刀具易碰到工件而受到损坏。

2. G01 直线插补指令

格式：G01　X __　Y __　Z __　F __;

说明：将刀具以直线形式按 F 代码指定的速率从当前位置移动到命令要求的位置。对于省略的坐标轴，不执行移动操作，而只对指定轴执行直线移动。位移速率是由命令中指定的轴的速率的复合速率。

3. G02/G03 圆弧插补指令

（1）格式（在每个面上，均有常用三种格式）

1）圆弧在 XY 面上：

G17　G02/G03　G90/G91　X __　Y __　F __;

G17　G02/G03　G90/G91　I __　J __　F __;

G17　G02/G03　G90/G91　R __　F __;

2）圆弧在 XZ 面上：

G18　G02/G03　G90/G91　X __　Z __　F __;

G18　G02/G03　G90/G91　I __　K __　F __;

G18　G02/G03　G90/G91　R __　F __;

3）圆弧在 *YZ* 面上：

G19　G02/G03　G90/G91　Y ___　Z ___　F ___；

G19　G02/G03　G90/G91　J ___　K ___　F ___；

G19　G02/G03　G90/G91　R ___　F ___；

（2）说明　圆弧所在的平面用 G17、G18 和 G19 指令来指定。但是，只要已经在先前的程序段里定义了这些指令，圆弧插补指令中就可省略。圆弧的插补方向由 G02、G03 指令来指定。在指定圆弧插补方向后，再指定切削终点坐标。G90 指令用于指定在绝对坐标方式下使用此圆弧插补指令；而 G91 指令用于指定在增量坐标方式下使用此圆弧插补指令。另外，如果 G90、G91 已经在先前程序段里给出，此处可以省略。圆弧的终点用相应平面中的两个轴的坐标值指定（例如在 *XY* 平面中，G17 用 X、Y 坐标值）。终点坐标可像 G00 和 G01 指令一样地设置。圆弧圆心的位置或者其半径应当在设定圆弧终点之后设置。圆弧中心位置设置为从圆弧起点至圆心的相对距离，并且对应于 X、Y 和 Z 轴表示为 I、J 和 K。圆弧圆心坐标值减去圆弧起点对应坐标值得到的结果对应分配给 I、J、K。

4. G28/G30 自动原点返回指令

（1）格式

第一原点返回：

G28　G90/G91　X ___　Y ___　Z ___；

第二、第三和第四原点返回：

G30　G90/G91　P2/P3/P4　X ___　Y ___　Z ___；

（2）说明

P2、P3、P4：选择第二、第三和第四原点返回。如果省略，系统自动选择第二原点返回。

由 X、Y 和 Z 设定的位置称为中间点。机床先移动到这个点，而后回归原点。省略了中间点的轴不移动；只有在指令中指派了中间点的轴才执行其原点返回。在执行原点返回指令时，每一个轴是独立执行的，这就像快速移动指令 G00 一样；通常刀具路径不是直线。因此，要求对每一个轴设置中间点，以免机床在原点返回时与工件碰撞等意外发生。

（3）举例　如图 2-5-1 所示，返回原点的程序段为"G28/G30　G91　X100.Y150.；"

注意：例子中到中间点的移动就像快速移动程序段"G00 G90 X150.Y200.；"或者"G00 G91 X100.Y150.；"。

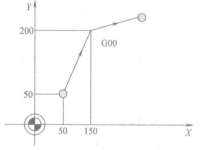

图 2-5-1　G28/G30 指令应用举例

如果中间点与当前的刀具位置一致，如程序段令是"G28　G91　X0　Y0　Z0；"，机床就从其当前位置返回原点。如果是在单程序段方式下运行，机床就会停在中间点；当中间点与当前位置一致，它也会暂时停在中间点，即当前位置。

5. G40/G41/G42 刀具半径补偿功能指令

（1）格式

G41　G01　X ___　Y ___；

G42　G01　X ＿＿　Y ＿＿；

（2）说明

G40：取消刀具半径补偿；G41：刀具半径左补偿；G42：刀具半径右补偿。

在编程时用户只要插入半径补偿的方向（G41：左补偿；G42：右补偿）和偏置内存地址（如"D02"在"D"后面是从 01 到 32 的两位数字）。

6. G43/G44/G49 刀具长度补偿指令

（1）格式

G43　Z ＿＿　H ＿＿；

G44　Z ＿＿　H ＿＿；

G49；

首先用一把铣刀作为基准刀，并且利用工件坐标系的 Z 轴，把它定位在工件表面上，其位置设置为 Z0。基准刀加工完后换刀加工，若所用的刀具较短，那么在加工时刀具不可能接触到工件，即便机床移动到位置 Z0。反之，如果刀具比基准刀长，有可能与工件碰撞而损坏机床。为了防止出现这种情况，把每一把刀具与基准刀的相对长度差输入到刀具长度补偿寄存器中，并且在程序里指令数控机床执行刀具长度补偿功能。

（2）说明

G43：把指定的刀具长度补偿值加到指令的 Z 坐标值上；G44：把指定的刀具长度补偿值从指令的 Z 坐标值上减去；G49：取消刀具偏置值。

在设置补偿长度时，可用+/-符号。如果改变了+/-符号，指行 G43 和 G44 指令会反向操作。因此，该命令有各种不同的表达方式。

（3）刀具长度补偿

度量刀具长度的步骤如下：

1）把工件放在工作台面上。

2）调整基准刀，使其到工件上表面，然后记录此时机床 Z 坐标值。

3）更换上要度量的刀具，使该刀具接触到工件上表面，记录此时机床 Z 坐标值。

4）计算出两次 Z 坐标的差值，并将此值输入到相应的刀具长度补偿值中。

如果用 G43 进行刀具长度补偿，则刀具短于基准刀时偏置值设置为负值；如果长于基准刀则为正值。

（4）举例

G00　Z0；

G00　G43　Z0　H01；

G00　G43　Z0　H03；

或者

G00　G44　Z0　H02；

G43、G44 或 G49 指令为模态指令，在被同类指令注销之前会一直保持有效。因此，G43 或 G44 指令在程序段中紧跟在刀具更换指令之后，G49 指令可能在该刀具作业结束，更换刀具之前指定。

7. G53 选择机床坐标系指令

（1）格式

（G90） G53 X __ Y __ Z __；

（2）功能 执行该程序段后，刀具快速移动到机床坐标系中 X、Y、Z 指定的位置。由于 G53 是非模态 G 代码命令，仅仅在所在程序段中起作用。

此外，G53 指令在绝对指令 G90 中有效，在增量指令 G91 中无效。为了把刀具移动到机床固有的位置，如换刀位置，应当在机床坐标系中指定 G53 指令。

（3）注意事项

1）刀具半径补偿、刀具长度补偿和刀具位置补偿应当在 G53 指令之前取消。否则，机床将按照指定的偏置值移动。

2）在执行 G53 指令之前，必须手动或者用 G28 指令使机床返回原点。这是因为机床坐标系必须在 G53 指令发出之前设定。

8. G54~G59 工件坐标系选择指令

（1）格式

G54~G59；

（2）功能 使用 G54~G59 指令，可将机床坐标系中的一个任意点（工件原点偏移值）赋予#1221~#1226 参数，并设置工件坐标系 1~6，如图 2-5-2 所示。该参数与 G 代码要相对应如下：

工件坐标系 1（G54）：工件原点返回偏移值，参数 1221；

工件坐标系 2（G55）：工件原点返回偏移值，参数 1222；

工件坐标系 3（G56）：工件原点返回偏移值，参数 1223；

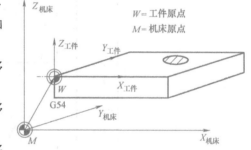

图 2-5-2 工件坐标系选择指令

工件坐标系 4（G57）：工件原点返回偏移值，参数 1224；

工件坐标系 5（G58）：工件原点返回偏移值，参数 1225；

工件坐标系 6（G59）：工件原点返回偏移值，参数 1226。

在接通电源和完成原点返回后，系统自动选择工件坐标系 1（G54）。在有模态指令对这些坐标做出改变之前，它们将保持其有效性。

除了这些设置步骤外，系统中还有一参数可用于立刻变更 G54~G59 的参数。工件外部的原点偏置值能够用#1220 参数来传递。

在编程的过程中，有时为了避免尺寸的换算，需要多次平移工件坐标系，将工件原点平移至工艺基准处，称为程序原点的偏置，如图 2-5-3 所示。

例如，如图 2-5-4 所示，四个独立的二维凸台轮廓曲线均有各自的尺寸基准，而整个图形的坐标原点为 O。为了避免尺寸的换算，在编制四个局部轮廓的数控加工程序时，分别将工艺原点偏置到 O_1、O_2、O_3、O_4 点。分别用 G54、G55、G56 和 G57 四个原点偏置寄存器存放 O_1、O_2、O_3 和 O_4 四个点相对于机床参考坐标系的坐标。

凸台高度为 2mm，其数控加工程序如下：

G54 S1000 M03；

G90 G00 Z100；

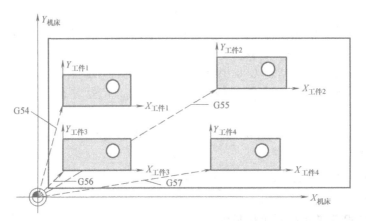

图 2-5-3　程序原点的偏置

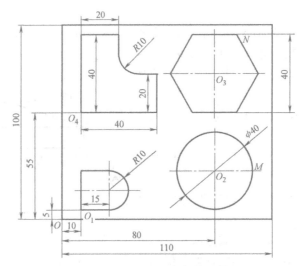

图 2-5-4　多程序原点的应用

X-10　Y-5；

Z2　M08；

G42　X0　Y0；

G01　Z-2　F50；

X15　F100；

G03　X15　Y20　I0　J10；

G01　X0；

Y0；

Z2；

G40；

G00　Z100；

G55　X30　Y-30；

Z2；

```
G01   Z-2   F50；
G42   X20   Y0；
G02   X20   Y0   I-20   J0   F100；
G01   Z2；
G40；
G00   Z100；
G56   X20   Y20；
Z2；
G01   Z-2   F50；
G41   X11.547；
X23.904   Y0   F100；
X11.547   Y-20；
X-11.547；
X-23.094   Y0；
X-11.547   Y20；
X11.547；
Z2；
G40；
G00   Z100；
G57   X-10   Y-10；
Z2；
G01   Z-2   F50；
G42   X0   Y0；
X40   F100；
Y20；
X30；
G02   X20   Y30   I0   J10；
G01   Y40；
X0；
Y0；
Z2；
G00   Z100；
M02；
```

六、简化编程指令

在数控手工编程过程中会碰到一些结构特殊的零件，这些结构可能有些局部对称、相似、重复等特征，如果采用常规的指令编程，则程序复杂、效率低、错误率高。如果能巧妙运用诸如平移、旋转、缩放等特殊指令编程，会使程序简单快捷，既提高了效率又能保证加工质量。

1. 镜像指令

镜像指令编程也称为轴对称加工编程，是将数控加工刀具轨迹关于某坐标轴做镜像变换而形成加工轴对称零件的刀具轨迹。镜像轴可以是 X 轴，可以是 Y 轴，也可以是原点。镜像指令为 G24、G25。用 G24 指令来建立镜像，按指定的坐标后的坐标值指定镜像位置。镜像一旦指定，只能使用 G25 指令来取消该镜像。

（1）格式

G24　X＿＿　Y＿＿　Z＿＿　A＿＿；

M98　P＿＿；

G25；

（2）说明　G24 指令为建立镜像；G25 指令为取消镜像；X、Y、Z、A 指定镜像位置。

当工件相对于某一轴具有对称形状时，可以只对工件的一部分进行编程，再利用镜像功能和子程序，加工出工件的对称部分。

（3）举例　如图 2-5-5 所示零件，用镜像功能编程。

参考程序如下：

O0001；主程序

G90　G40　G21　G17　G94；

G25　X0　Y0；

G91　G28　Z0；

G90　G54　M03　S680；

M08；

M98　P0002；

G24　X0；

M98　P0002；

G25　X0；

M09；

M30；

O0002；子程序

G00　X−58.0　Y−48.0；

Z50.0；

Z5.0；

G01　Z−5.0　F50；

G41　D01　G01　X−47.0　Y−45.0　F100；

X−47.0　Y−20.0；

X−37.0　Y−20.0；

G03　X−27.0　Y−10.0　R10.0；

G01　X−27.0　Y10.0；

G03　X−37.0　Y20.0　R10.0；

G01　X−47.0　Y20.0；

X−47.0　Y42.5；

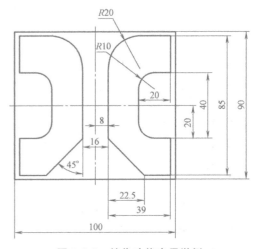

图 2-5-5　镜像功能应用举例

X-28.0　Y42.5；

G02　X-8.0　Y22.5　R20.0；

G01　X-8.0　Y-20.0；

X-30.5　Y-42.5；

X-50.0　Y-42.5；

G40　G01　X-58.0　Y-48.0；

G00　Z50.0；

M99；

2. G68、G69 旋转指令

执行 G68 指令可使编程图形按照指定旋转中心及旋转方向旋转一定的角度，G69 指令用于取消旋转功能。

（1）格式

G68　X ＿＿　Y ＿＿　P ＿＿；

M98　P ＿＿；

G69；

（2）说明　X、Y 为旋转中心的坐标值（可以是 X、Y、Z 中的任意两个，它们由当前平面选择指令 G17、G18、G19 中的一个确定）。当 X、Y 省略时，G68 指令认为当前的位置即为旋转中心。P 为旋转角度，正值时为逆时针旋转，负值时为顺时针旋转。

当程序在绝对编程方式下时，G68 指令后的第一个程序段必须使用绝对编程方式移动指令，这样系统才能确定旋转中心。如果这一程序段为增量编程方式移动指令，那么系统将以当前位置为旋转中心，按 G68 指令给定的角度旋转坐标。

（3）举例　如图 2-5-6 所示零件，试编写加工程序。

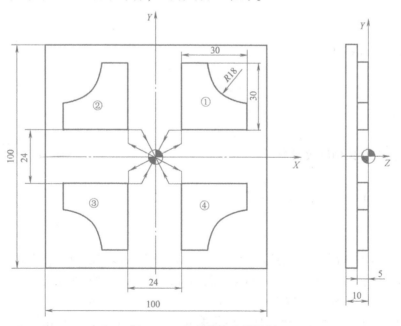

图 2-5-6　旋转指令应用举例

参考程序如下：

O0001；主程序

G90　G54　G00　Z100；

X0　Y0；

M03　S600；

Z5；

M08；

M98　P0002；

G68　X0　Y0　P90；

M98　P0002；

G68　X0　Y0　P180；

M98　P0002；

G68　X0　Y0　P270；

M98　P0002；

G69；

G00　Z100；

M09；

M05；

M30；

O0002；子程序；

G90　G01　Z-5　F120；

G41　X12　Y10　D01　F200；

Y42；

X24；

G03　X42　Y24　R18；

G01　Y12；

X10；

G40　X0　Y0；

M99；

3. G51、G50 比例缩放指令

（1）格式：

G51　X__　Y__　Z__　P__；

M98　P__；

G50；

（2）说明　G51指令激活缩放功能；X、Y、Z指定图形缩放中心的坐标，如果不指定则将当前刀具位置作为缩放中心；P指定缩放比例，不能用小数点来指定该值，如P2000表示缩放比例为2倍。G50指令取消比例缩放。

（3）注意事项　比例缩放指令只对形状缩放不对刀具缩放，并且比例缩放对于刀具半径补偿值、刀具长度补偿值及刀具偏置值无效；比例缩放对孔加工固定循环里的Q值和D

值无效；在比例缩放状态下，不能指定返回
参考点 G 代码（G27～G30）和坐标系 G 代
码（G52～G59、G92），如果一定要指定这
些代码，应先取消比例缩放功能。

（4）举例　如图 2-5-7 所示，可利用加
工轮廓 1 的程序，用比例缩放指令加工出轮
廓 2（尺寸是轮廓 1 的两倍）。轮廓 1 和轮
廓 2 均为深度 5mm 的型腔。

参考程序如下：

O0001；主程序

G90　G54　G40；

G92　X-50　Y-30；

G00　Z100；

M03　S1000；

Z2；

G01　Z-5　F100；

M98　P0002；

G51　X60　Y50　P2000；

M98　P0002；

G50；

M05；

M30；

O0002；子程序

G90　G01　X0　Y-10　F100；

G02　X0　Y10　R10；

G01　X15　Y0；

X0　Y-10；

M99；

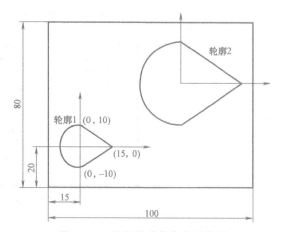

图 2-5-7　比例缩放指令应用举例

4. 子程序

编程时，为了简化程序的编制，当一个工件上有相同的加工内容时，常用调用子程序的
方法进行编程。调用子程序的程序称为主程序。子程序的编程与一般程序基本相同，只是程
序结束字为 M99，表示子程序结束并返回到调用子程序的主程序中。

（1）格式

M98　P__　L__；

（2）说明　P 为被调用的子程序名；L 为调用次数，省略时为调用一次。

（3）举例　如图 2-5-8 所示，在一块平板上加工 6 个边长为 10mm 的等边三角形，每边
的槽深为 2mm，工件上表面为 Z 向零点。程序的编制可以采用调用子程序的方式来实现
（编程时不考虑刀具补偿）。

参考程序如下：

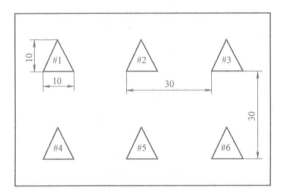

图 2-5-8　子程序应用举例

O10;主程序

N10　G54　G90　G01　Z40　F200;进入工件坐标系

N20　M03　S800;主轴起动

N30　G00　Z3;快进到工件表面上方

N40　G01　X0　Y8.66;到#1 三角形上顶点

N50　M98　P20;调 20 号切削子程序切削三角形

N60　G90　G01　X30　Y8.66;到#2 三角形上顶点

N70　M98　P20;调 20 号切削子程序切削三角形

N80　G90　G01　X60　Y8.66;到#3 三角形上顶点

N90　M98　P20;调 20 号切削子程序切削三角形

N100　G90　G01　X0　Y-21.34;到#4 三角形上顶点

N110　M98　P20;调 20 号切削子程序切削三角形

N120　G90　G01　X30　Y-21.34;到#5 三角形上顶点

N130　M98　P20;调 20 号切削子程序切削三角形

N140　G90　G01　X60　Y-21.34;到#6 三角形上顶点

N150　M98　P20;调 20 号切削子程序切削三角形

N160　G90　G01　Z40　F200;抬刀

N170　M05;主轴停

N180　M30;程序结束

O20;子程序

N10　G91　G01　Z-2　F100;在三角形上顶点切入(深)2mm

N20　G01　X-5　Y-8.66;切削三角形

N30　G01　X10　Y 0;切削三角形

N40　G01　X-5　Y 8.66;切削三角形

N50　G01　Z5　F200;抬刀

N60　M99;子程序结束

设置 G54:X=-400,Y=-100,Z=-50。

5. 孔加工固定循环

孔加工固定循环指令 G80~G83 的格式功能及图例见表 2-5-2。

表 2-5-2　孔加工固定循环

指令格式及功能	图例
G80 取消固定循环进程指令 （1）格式 G80； （2）功能 　执行该指令,取消固定循环方式,机床回到执行正常操作状态。孔加工数据,包括 R 点、Z 点等都被取消;但是机床进给指令继续有效 （3）注意事项 　要取消固定循环方式,用户除了使用 G80 指令之外,还可使用 G 代码 01 组（G00、G01、G02、G03 等）中的任意一个指令	
G81 定点钻孔循环指令 （1）格式 G81　X__　Y__　Z__　R__　F__　K__; （2）说明 X、Y:孔位数据 Z:从 R 点到孔底的距离 R:从初始平面到 R 点的距离 F:切削进给速度 K:重复次数 （3）功能 G81 指令可用于一般的孔加工	G81(用G99)　　　G81(用G98) 初始平面 R点 Z点
G82 钻孔循环指令 （1）格式 G82　X__　Y__　Z__　R__　P__　F__　K__; （2）说明 X、Y:孔位数据 Z:从 R 点到孔底的距离 R:从初始平面到 R 点的距离 P:在孔底的暂停时间 F:切削进给速度 K:重复次数 （3）功能 G82 钻孔循环,在孔底有暂停,反镗孔循环	G82(用G99)　　　G82(用G98) 初始平面 R点 P 暂停　　Z点　　P 暂停　　Z点
G83 排屑钻孔循环指令 （1）格式 G83　X__　Y__　Z__　R__　Q__　F__　K__; （2）说明 X、Y:孔位数据 Z:从 R 点到孔底的距离 R:从初始平面到 R 点的距离 Q:每次切削进给的切削深度 q F:切削进给速度 K:重复次数 （3）功能 间歇进给,孔底快速退刀	G83(用G99)　　　G83(用G98) 初始平面 R点　　　　R点　R点平面 Z点　　　　Z点

6. 简化编程指令综合举例

（1）零件工艺分析　如图 2-5-9 所示，零件主要为复合内型腔的加工，由型腔 Ⅰ、Ⅱ、Ⅲ 和孔系构成。仔细分析发现，轮廓 Ⅱ 为轮廓 Ⅰ 的 2 倍，轮廓 Ⅲ 为轮廓 Ⅰ 平移与旋转一定角度后所得。所以可以初步确定一个方案，将轮廓 Ⅰ 编一个子程序，其他轮廓采用平移、缩放、坐标旋转指令来编程，然后在主程序中调用子程序，达到简化编程的目的。

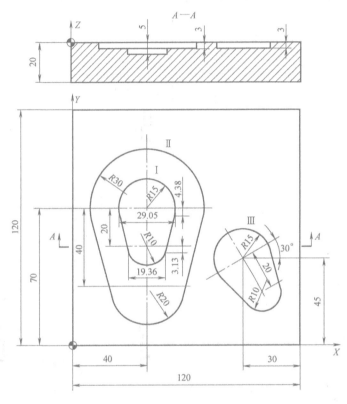

图 2-5-9　简化编程指令应用举例

（2）编程思路　由于该零件在结构上有旋转、相似的特点，所以可以综合采用 "G52+G68/G69" "G52+G51/G50" 思路来编程。首先编写一个 Ⅰ 型腔轮廓加工子程序，选择使用刀具 $\phi 10mm$ 三刃平底刀，一次下刀到加工面。然后编写整个轮廓主程序。

（3）参考程序

O0001；主程序名

G54　G17　G21　G69　G40　G49；初始设置

M03　S500　M08；主轴转向与转速设定

G00　Z100；Z 轴快速下降

G52　X40　Y70；设定第一个局部坐标系

G00　X0　Y0　Z5；快速定位

G01　Z-3　F50；向下进给进入切削

G17　G51　X0　Y0　P2；以中心为基准放大一倍

M98　P0002；调用子程序加工轮廓 Ⅱ

G50;取消缩放

G91　G01　Z-5　F50;向下进给进入切削

G90　M98　P0002;调用子程序加工轮廓Ⅰ

G01　Z5;抬刀

G52　X0　Y0;取消局部坐标系

G52　X90　Y45;设定第二个局部坐标系

G01　X0　Y0　F100;定位

G17　G68　X0　Y0　R30;坐标系逆时针旋转30°

Z-3　F50;向下进给进入切削

M98　P0002;调用子程序加工轮廓Ⅱ

G01　Z5;抬刀

G69　G01　X100　Y100;取消坐标系旋转

G52　X0　Y0;取消局部坐标系

G00　Z100;

M05;

M09;

M30;

O0002;子程序名

G41　G01　X10　Y5　D01;建立刀具半径左补偿

G03　X0　Y15　R10;逆时针圆弧切入

X-14.525　Y-4.38　R15;逆时针圆弧切削

G01　X-9.68　Y-23.13;直线切削

G03　X9.68　Y-23.13　R10;逆时针圆弧切削

G01　X14.525　Y-4.38;直线切削

G03　X0　Y15　R15;逆时针圆弧切削

X-10　Y5　R10;逆时针圆弧切出

G40　G01　X0　Y0;取消刀具半径补偿

M99;子程序结束

（4）注意事项　本例综合运用了多个特殊指令的嵌套，辅以子程序，其中恰当使用刀补，使程序紧凑，要注意以下事项：

1）在缩放及旋转功能下不能使用G52指令，但在G52下能进行缩放及坐标系旋转。

2）使用坐标旋转指令，旋转中心不同，旋转后图形各点坐标也不相同。因此，可以先将工件原点平移至旋转中心（用G52指令），然后执行"G68　X0　Y0　R ___";程序段进行工件坐标系旋转，编程就非常简单。

3）在G69程序段之后，必须有移动指令控制刀具在旋转的坐标平面移动，以确保取消旋转有效。

4）在兼有坐标平移、坐标旋转、半径补偿等指令的情况下，建立上述状态各指令的先后顺序是"先平移，后旋转，再刀补"，而取消上述状态各指令的先后顺序是"先刀补，后旋转，再平移"。

任务六　平面轮廓的铣削加工

毛坯为 60mm×60mm×10mm 铝块，六面已粗加工过，要求用数控铣床加工出图 2-6-1 所示的 5mm 凸台。

一、工艺分析

1. 分析零件

图 2-6-1 所示零件中，加工表面为 50mm×50mm 四角倒圆的正方形轮廓外表面，高度为 5mm。零件尺寸精度和表面质量无严格要求，零件材料为铝，尺寸标注和轮廓描述完整。

2. 确定装夹方案

以加工过的底面为定位基准，将工件安放在垫块上，用通用机用虎钳夹紧工件前后两侧面，机用虎钳固定于铣床工作台上。

3. 确定刀具

确定刀具的原则是：在保证加工质量的条件下，尽量选择少的刀具以减少装刀、对刀、换刀时间，提高加工效率。

依据此原则选用 ϕ10mm 的平底立铣刀，定义刀号为 T01。注意，如果零件外轮廓上有凹圆弧时，所选刀具的半径应小于凹圆弧的半径，否则会产生过切。

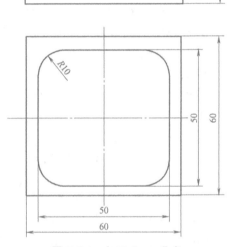

图 2-6-1　加工 5mm 凸台

4. 确定加工路径

1）加工 50mm×50mm 四角倒圆的正方形轮廓，并注意圆角处余量的去除。

2）每次切削深度为 2mm，分 3 次加工完。

5. 确定切削参数

切削用量的具体数值应根据该机床性能、加工表面质量，查阅相关的手册并结合实际经验确定。根据以上原则确定本零件加工的三要素：$n = 2000\text{r/min}$，$v_{\text{f}} = 200\text{mm/min}$，$a_{\text{p}} = 2\text{mm}$。

二、编程

在数控铣削过程中，刀具与工件之间的运动永远被看成是刀具相对于工件的运动。在对工件进行编程时，为了编程人员方便，通常又将数控刀具假想成一个点，该点就是刀位点或刀尖点。铣削时所用立铣刀、面铣刀的刀位点是刀具底面的中心，球头铣刀的刀位点是球头中心。例如铣削平面是按刀具中心的运动轨迹来编程的，铣削键槽一般是按键槽中心线来进行编程的，孔的加工是按孔的中心点来计算坐标编程的。但这些内容只是数控铣工加工内容的一部分，在数控铣工的铣削内容中，很大的一部分内容是对工件轮廓的铣削，如果此时还是按刀具中心的运动轨迹来编程，就算加工同一工件，也会面临两个问题：一是用大小相同的刀具加工工件，其中心运动轨迹一样；二是即使用同一把刀具加工工件，在粗加工、半精加工、精加工时其刀具中心的运动轨迹也是一样的，如果用刀具的半径补偿功能编程其程序显得很复杂。因此，在数控铣削中，为了简化程序，对工件轮廓进行编程时，应把工件的轮廓曲线作为刀具中心的运动轨迹，这样在铣削过程中数控系统就要处理刀具中心偏移量的问题，这就要用到刀具的半径补偿功能。

1. 刀具半径补偿功能的概念

在数控铣削过程中，数控系统根据刀具的半径补偿指令和偏置量自动调整刀具相对于工件轮廓的运动方向以及刀具中心相对于编程轮廓线偏移量的这一功能就是刀具的半径补偿功能。

2. 刀具半径补偿功能指令及其含义

刀具半径补偿功能指令有 G41、G42 及 G40，其具体指令格式及功能在前面任务中已经详细讲过，此处不再赘述。

运用刀具半径补偿功能不仅能简化编程，还可以小修改程序，通过修改偏移量就可以到达加工工件的目的。例如，工件粗加工时，偏移量 = 预设余量 + 刀具半径；精加工时，偏移量 = 粗加工偏移量 - 精加工余量。另外，还可以利用同一程序加工同一公称尺寸凹凸型面，即加工外轮廓时，偏移量 = +D，加工内轮廓时，偏移量 = -D，不改变程序就可以加工内外轮廓面，且运动方向一致，加工出来的凹凸轮廓面具有很好的一致性。

3. 使用刀具半径补偿功能时的注意事项

1）刀具半径补偿应在正式铣削前建立好，同理，取消刀具补偿应在切削进给结束，刀具离开工件后方可。

2）刀具半径补偿的建立和取消要通过刀具的直线运动方式来实现。

3）刀具半径补偿的建立和取消要配对使用。

4）为了防止在建立和取消刀具半径补偿时刀具产生过切现象，建立和取消程序段的起点位置与终点位置最好与补偿方向在同一侧。

5）在刀具半径补偿模式下，一般不允许存在两段以上的非补偿平面内移动指令，否则会出现过切等危险动作。

4. 参考程序（工件坐标系原点在上表面中心）

O00001；

（%0001；）

G21 G40 G49 G80 G90；

G54 G00 Z100；

X45 Y0；

M03 S1000；

Z1；

M98 P0002 L03；

G00 Z100；

M05；

M30；

O00002；

G91 G01 Z-2 F100；

```
G90   G42   G01   X35   Y-10；
G02   X25   Y0   R10；
G01   Y15；
G03   X15   Y25   R10；
G01   X-15；
G03   X-25   Y15   R10；
G01   Y-15；
G03   X-15   Y-25   R10；
G01   X15；
G03   X25   Y-15   R10；
G01   Y0；
G02   X35   Y10   R10；
G40   G01   X45   Y0；
M99；
```

三、建立工件坐标系

在 XOY 平面内确定以工件中心为工件原点，Z 方向以工件上表面为工件原点。具体对刀过程如下：

1）先将工件用夹具固定在工作台上。

2）将铣刀装到主轴上，并在 MDI 模式下设定主轴转速为 500r/min。

3）移动工作台，使工件右侧面接触刀具，记录此时机床的 X 坐标值。

4）刀具接触工件后，应先将 Z 轴抬起，以免碰坏刀具或分中棒。

5）使刀具接触工件的左侧面，记录此时机床的 X 坐标值。

6）将两次记录的 X 坐标值相加求平均值，所求平均值即为机床 X_0 位置，将其值输入 G54 的 X 中。

7）Y 方向对刀和 X 方向对刀相似。记录刀具接触工件前、后侧面时的坐标值，然后求其平均值，将求得的平均值输入 G54 的 Y 中。

8）Z 方向对刀时，可用刀具试切工件表面，再将其当前 Z 轴机床坐标值直接输入工件坐标系 G54 里。

四、加工

加工前准备工作：①确保机床开启后回过参考点；②检查机床的快速修调倍率和进给修调倍率，一般快速修调倍率在 20% 以下，进给修调倍率在 50% 以下，以防速度过快导致撞刀。

加工时如果不确定对刀是否正确，可采用单段加工的方式进行。在确定每把刀具在所建立的坐标系中第一个点正确后，可自动加工。

五、检测

加工完后对零件的尺寸精度和表面质量做相应的检测，分析原因，避免下次加工再出现类似情况。

六、练习题

编制图 2-6-2~图 2-6-12 所示零件的加工程序。

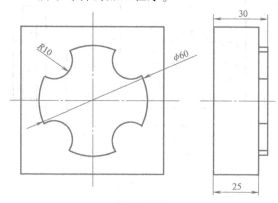

图　2-6-2

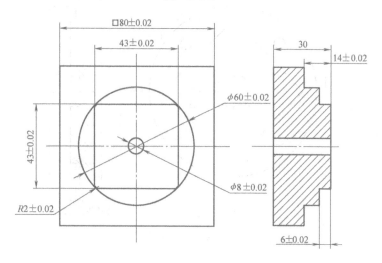

图　2-6-3

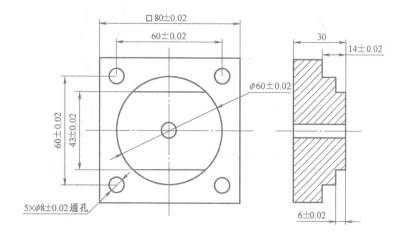

图　2-6-4

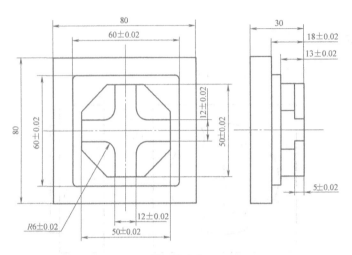

图 2-6-5

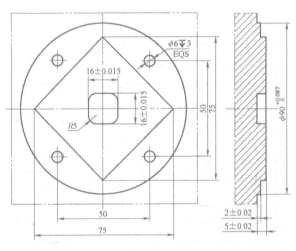

图 2-6-6

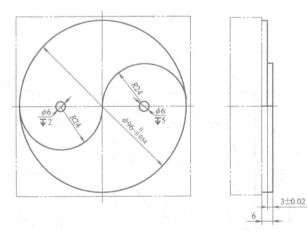

图 2-6-7

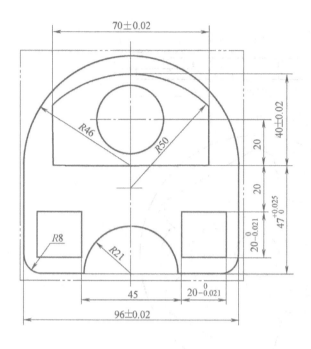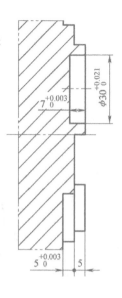

图　2-6-8

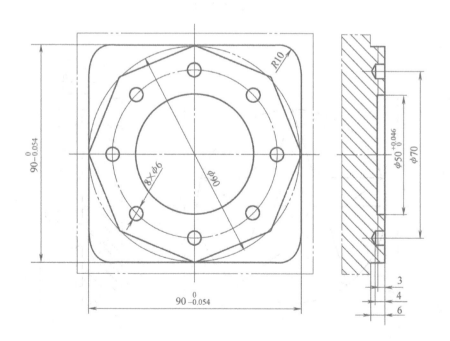

图　2-6-9

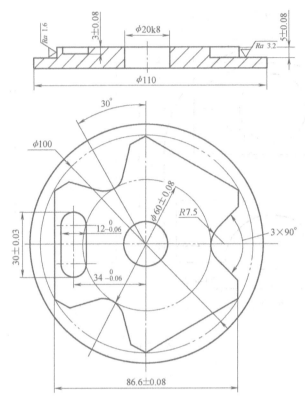

图　2-6-10

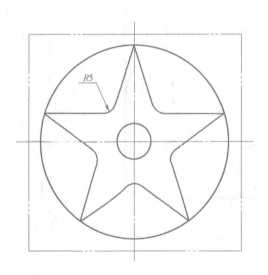
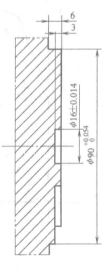

图　2-6-11

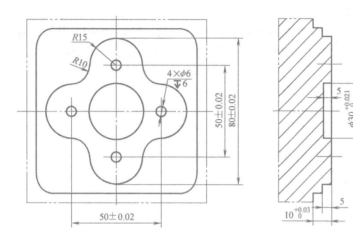

图　2-6-12

任务七　型腔的铣削加工

毛坯为 60mm×60mm×10mm 铝块，六面已粗加工过，要求用数控铣床加工出图 2-7-1 所示尺寸为 50mm×50mm、深度为 5mm、四角倒圆为 R10mm 型腔。

一、工艺分析

1. 分析零件

图 2-7-1 所示零件加工表面为 50mm×50mm、四角倒圆 R10mm 的正方形内轮廓表面，深度为 5mm。零件尺寸精度和表面质量无严格要求，零件材料为铝，尺寸标注和轮廓描述完整。

2. 确定装夹方案

以加工过的底面为定位基准，将工件安放在垫块上，用机用虎钳夹紧工件前后两侧面，虎钳固定于铣床工作台上。

3. 确定刀具

确定刀具的原则是：在保证加工质量的条件下，尽量选择少的刀具，以减少装刀、对刀、换刀时间，提高加工效率。

依据此原则选用 φ20mm 的平底立铣刀，定义刀号为 T01。

4. 确定加工路径

1）加工 50mm×50mm、四角倒圆的正方形型腔，并去除其内部余量。

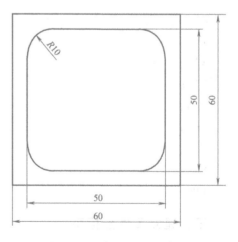

图 2-7-1　加工深 5mm 型腔

2）每次切削深度为 2mm，分 3 次加工完。

5. 确定切削参数

切削用量的具体数值应根据该机床性能、加工表面质量，查阅相关的手册并结合实际经验确定。根据以上原则确定本零件加工的三要素：$n = 1200\mathrm{r/min}$，$v_\mathrm{f} = 200\mathrm{mm/min}$，$a_\mathrm{p} = 2\mathrm{mm}$。

二、编程

O0001；

（%0001；）

G21　G40　G49　G80　G90；

G54　G00　Z100；

X0　Y0；

M03　S1200；

Z1；

M98　P0002　L03；

G00　Z100；

M05；

M30；

O0002；

G91　G01　Z-2　F100；

G90　G01　X5；

Y5；

X-5；

Y-5；

X5；

Y0；

X15；

Y15；

X-15；

Y-15；

X15；

Y0；

M99；

三、建立工件坐标系

在 XOY 平面内确定以工件中心为工件原点，Z 方向以工件上表面为工件原点。具体对刀过程如下：

1）先将工件用夹具固定在工作台上。

2）将铣刀装到主轴上，并在 MDI 模式下设定主轴转速为 500r/min。

3）移动工作台，使工件右侧面接触刀具，记录此时机床的 X 坐标值。

4）刀具接触工件后，应先将 Z 轴抬起，以免碰坏刀具或分中棒。

5）使刀具接触工件的左侧面，记录此时机床的 X 坐标值。

6）将两次记录的 X 坐标值相加求平均值，所求平均值即为机床 X_0 位置，将其值输入 G54 的 X 中。

7）Y 方向对刀和 X 方向对刀相似。记录刀具接触工件前、后侧面时的坐标值，然后求其平均值，将求得的平均值输入 G54 的 Y 中。

8）Z 方向对刀时，可使刀具与工件表面试切，再将其当前 Z 轴机床坐标值直接输入工件坐标系 G54 里。

四、加工

加工前准备工作：①确保机床开启后回过参考点；②检查机床的快速修调倍率和进给修调倍率，一般快速修调倍率在 20% 以下，进给修调倍率在 50% 以下，以防止速度过快导致撞刀。

加工时如果不确定对刀是否正确，可采用单段加工的方式进行。在确定每把刀具在所建立的坐标系中第一个点正确后，可自动加工。

五、检测

加工完后对零件的尺寸精度和表面质量做相应的检测，分析原因，避免下次加工再出现类似情况。

六、练习题

编制图 2-7-2～图 2-7-8 所示零件的加工程序。

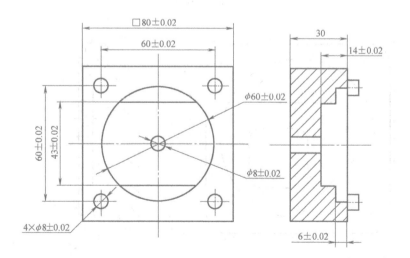

图　2-7-2

129

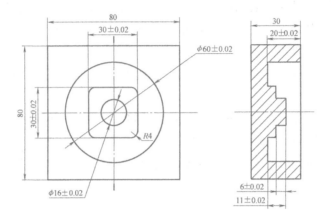

图 2-7-3

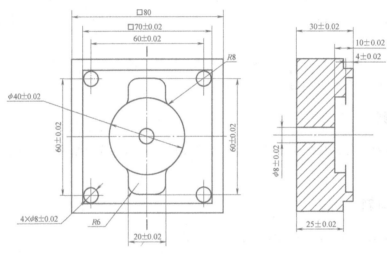

图 2-7-4

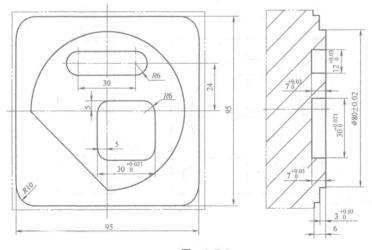

图 2-7-5

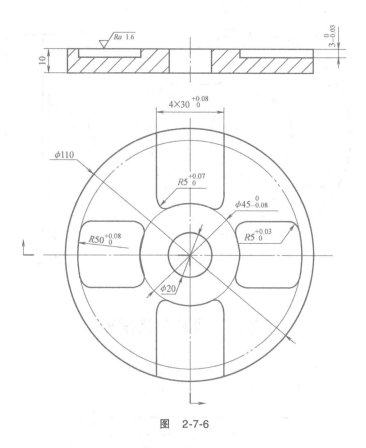

图　2-7-6

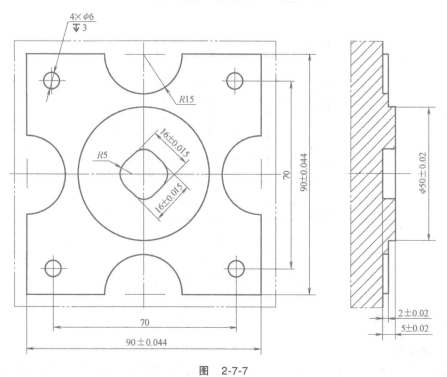

图　2-7-7

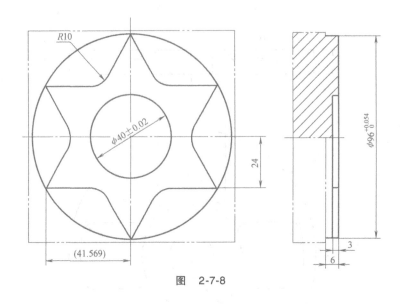

图 2-7-8

任务八 岛屿的铣削加工

毛坯为 60mm×60mm×10mm 铝块，六面已粗加工过，要求用数控铣床加工出图 2-8-1 所示的 50mm×50mm 的型腔并留出 20mm×20mm 的岛屿。

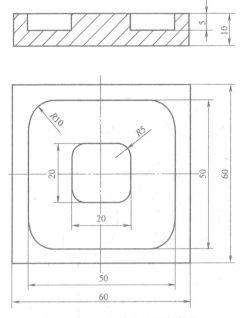

图 2-8-1　加工型腔并留出岛屿

一、工艺分析

1. 分析零件

图 2-8-1 所示零件的加工表面为 50mm×50mm 四角倒圆的正方形内轮廓表面，并在中间

留 20mm×20mm 的凸台，深度为 5mm。零件尺寸精度和表面质量无严格要求，零件材料为铝，尺寸标注和轮廓描述完整。

2. 确定装夹方案

以加工过的底面为定位基准，将工件安放在垫块上，用机用虎钳夹紧工件前后两侧面，虎钳固定于铣床工作台上。

3. 确定刀具

确定刀具的原则是：在保证加工质量的条件下，尽量选择少的刀具，以减少装刀、对刀、换刀时间，提高加工效率。依据此原则选用 ϕ10mm 的平底立铣刀，定义刀号为 T01。

4. 确定加工路径

1）加工 50mm×50mm 四角倒圆的正方形型腔，并在中间留 20mm×20mm 的凸台。在加工该零件时要严格控制走刀路线，要求既要去除毛坯余量又不能产生过切。考虑到零件形状，采用偏距切削的走刀路线。

2）每次切削深度为 2mm，分 3 次加工完。

5. 确定切削参数

切削用量的具体数值应根据该机床性能、加工表面质量，查阅相关的手册并结合实际经验确定。根据以上原则确定本零件加工的三要素：$n = 1000$r/min，$v_f = 200$mm/min，$a_p = 2$mm。

二、编程

```
O0001;
(%0001;)
G21  G40  G49  G80  G90;
G54  G00  Z100;
X25  Y0;
M03  S1000;
G01  Z1;
M98  P0002  L03;
G00  Z100;
M05;
M30;
O0002;
G91  G01  Z-2  F200;
G90  G01  X25  Y15;
G03  X15  Y25  R10;
G01  X-15  Y25;
G03  X-25  Y15  R10;
G01  X-25  Y-15;
G03  X-15  Y-25  R10;
G01  X15  Y-25;
```

```
G03   X25   Y-15   R10;
G01   X25   Y0;
G01   X20   Y0;
G01   Y10;
G03   X10   Y20   R10;
G01   X-10;
G03   X-20   Y10   R10;
G01   Y-10;
G03   X-10   Y-20   R10;
G01   X10   Y-20;
G03   X20   Y-10   R10;
G01   X20   Y0;
G01   X25;
M99;
```

三、建立工件坐标系

在 XOY 平面内确定以工件中心为工件原点，Z 方向以工件上表面为工件原点。具体对刀过程如下：

1）先将工件用夹具固定在工作台上。

2）将铣刀装到主轴上，并在 MDI 模式下设定主轴转速 500r/min。

3）移动工作台，使工件右侧面接触刀具，记录此时机床的 X 坐标值。

4）刀具接触工件后，应先将 Z 轴抬起，以免碰坏刀具或分中棒。

5）使刀具接触工件的左侧面，记录此时机床的 X 坐标值。

6）将两次记录的 X 坐标值相加求平均值，所求平均值即为机床 X_0 位置，将其值输入 G54 的 X 中。

7）Y 方向对刀和 X 方向对刀相似。记录刀具接触工件前后侧面时的坐标值，然后求其平均值，将求得的平均值输入 G54 的 Y 中。

8）Z 方向对刀时，可用刀具试切工件表面，再将当前 Z 轴机床坐标值直接输入工件坐标系 G54 里。

四、加工

加工前准备工作：①确保机床开启后回过参考点；②检查机床的快速修调倍率和进给修调倍率，一般快速修调倍率在 20% 以下，进给修调倍率在 50% 以下，以防止速度过快导致撞刀。

加工时如果不确定对刀是否正确，可采用单段加工的方式进行。在确定每把刀具在所建立的坐标系中第一个点正确后，可自动加工。

五、检测

加工完后对零件的尺寸精度和表面质量做相应的检测，分析原因，避免下次加工再出现类似情况。

六、练习题

编制图 2-8-2~图 2-8-4 所示零件的加工程序。

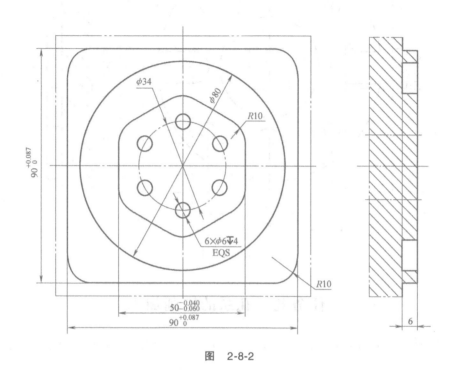

图　2-8-2

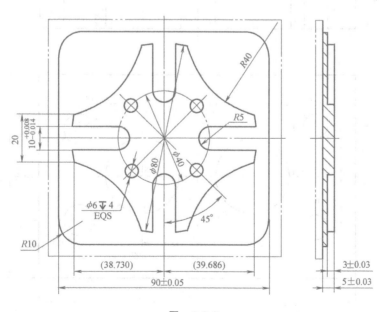

图　2-8-3

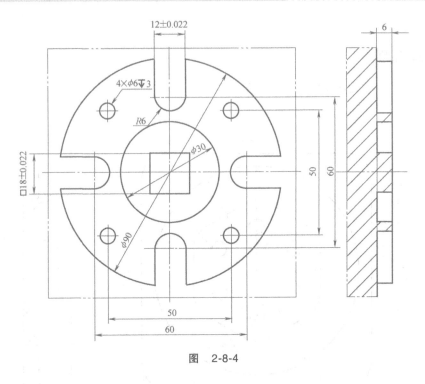

图　2-8-4

任务九　孔系的铣削加工

毛坯为 160mm×100mm×25mm 铝块，六面已粗加工过，要求加工出图 2-9-1 所示的 6 个孔。

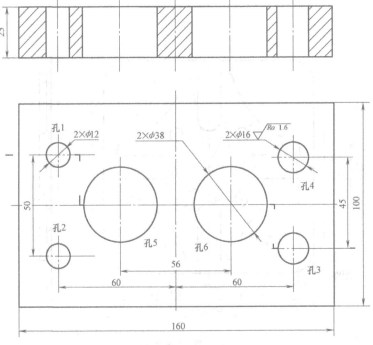

图 2-9-1　加工孔

一、工艺分析

1. 分析零件

图 2-9-1 所示零件的加工对象为 $2×\phi12mm$、$2×\phi16mm$、$2×\phi38mm$ 六个孔。零件尺寸精度和表面质量无严格要求，零件材料为铝，尺寸标注和轮廓描述完整。

2. 确定装夹方案

以加工过的底面为定位基准，将工件安放在垫块上，用机用虎钳夹紧工件前后两侧面，虎钳固定于铣床工作台上。

3. 孔加工方案（表 2-9-1）

表 2-9-1　孔加工方案

加工内容	加工方法	选用刀具
孔 1、孔 2	点孔—钻孔—扩孔	$\phi3mm$ 中心钻，$\phi10mm$ 麻花钻，$\phi12mm$ 麻花钻
孔 3、孔 4	点孔—钻孔—扩孔—铰孔	$\phi3mm$ 中心钻，$\phi10mm$ 麻花钻，$\phi15.8mm$ 麻花钻，$\phi16mm$ 机用铰刀
孔 5、孔 6	钻孔—扩孔—粗镗—精镗	$\phi20mm$、$\phi35mm$ 麻花钻，$\phi37.5mm$ 粗镗刀，$\phi38mm$ 精镗刀

4. 机床的选用

由于该零件孔的加工所需刀具数量较多，为提高加工效率，选用自带刀库能自动换刀的加工中心完成加工。

5. 确定切削用量

切削用量的选取主要是根据零件、刀具材料、工艺系统刚度等查切削用量手册选取。另外在加工该零件时所用麻花钻较多，要遵循钻头越小转速越高、进给越快的原则。具体数值见表 2-9-2。

表 2-9-2　切削用量具体数值

刀具参数 /mm	$\phi3$ 中心钻	$\phi10$ 麻花钻	$\phi20$ 麻花钻	$\phi35$ 麻花钻	$\phi12$ 麻花钻	$\phi15.8$ 麻花钻	$\phi16$ 机用铰刀	$\phi37.5$ 粗镗刀	$\phi38$ 精镗刀
主轴转速 /(r/min)	1200	650	350	150	550	400	250	850	1000
进给速度 /(mm/min)	120	100	40	20	80	50	30	80	40
刀具补偿	H1/T1	H2/T2	H3/T3	H4/T4	H5/T5	H6/T6	H7/T7	H8/T8	H9/T9

二、编程

```
O0001;
N0010   G54   G90   G17   G21   G49   G40;
N0020   M03   S1200   T1;
N0030   G00   G43   Z150.H1;
N0040   X0   Y0;
N0050   G81   G99   X-60.Y25.Z-2.R2.F120;
N0060   Y-25.;
```

N0070　X60. Y-22. 5；

N0080　Y22. 5；

N0090　G49　G00　Z150. ；

N0100　M05；

N0110　M06　T2；

N0120　M03　S650；

N0130　G43　G00　Z100. H2　M08；

N0140　G83　G99　X-60. Y25. Z-30. R2. Q6. F100；

N0150　Y-25. ；

N0160　X60. Y-22. 5；

N0170　Y22. 5；

N0180　G49　G00　Z150. M09；

N0190　M05；

N0200　M06　T3；

N0210　M03　S350；

N0220　G43　G00　Z100. H3　M08；

N0230　G83　G99　X-28. Y0　Z-35. R2. Q5. F40；

N0240　X28. ；

N0250　G49　G00　Z150. M09；

N0260　M05；

N0270　M06　T4；

N0280　M03　S150；

N0290　G43　G00　Z100　H4　M08；

N0300　G83　G99　X-28. Y0　Z-42. R2. Q8. F20；

N0310　X28. ；

N0320　G49　G00　Z150. M09；

N0330　M05；

N0340　M06　T5；

N0350　M03　S550；

N0360　G43　G00　Z100　H5　M08；

N0370　G83　G99　X-60. Y25　Z-31. R2. Q8. F80；

N0380　Y-25. ；

N0390　G49　G00　Z150. M09；

N0400　M05；

N0410　M06　T6；

N0420　M03　S400；

N0430　G43　G00　Z100. H6　M08；

N0440　G83　G99　X60. Y-22. 5　Z-33. R2. Q8. F50；

N0450　Y22. 5；

N0460　G49　G00　Z150.M09；

N0470　M05；

N0480　M06　T7；

N0490　M03　S250；

N0500　G43　G00　Z100.H7　M08；

N0510　X0　Y0；

N0520　G85　G99　X60.Y-22.5　Z-30.R2.F30；

N0530　Y22.5；

N0540　G49　G00　Z150　M09；

N0550　M05；

N0560　M06　T8；

N0570　M03　S850；

N0580　G43　G00　Z100.H8　M08；

N0590　X0　Y0　；

N0600　G85　G99　X-28.Y0　Z-26.R2.F80；

N0610　X28.；

N0620　G49　G00　Z150.M09；

N0630　M05；

N0640　M06　T9；

N0650　M03　S1000；

N0660　G43　G00　Z100.H9　M08；

N0670　X0　Y0；

N0680　G85　G99　X-28.Y0　Z-26.R2.F40；

N0690　X28.；

N0700　G49　G00　Z150.M09；

N0710　M30；

三、建立工件坐标系

在 XOY 平面内确定以工件中心为工件原点，Z 方向以工件上表面为工件原点。具体对刀过程如下：

1）先将工件用夹具固定在工作台上。

2）将铣刀装到主轴上，并在 MDI 模式下设定主轴转速 500r/min。

3）移动工作台，使工件右侧面接触刀具，记录此时机床的 X 坐标值。

4）刀具接触工件后，应先将 Z 轴抬起，以免碰坏刀具或分中棒。

5）使刀具接触工件的左侧面，记录此时机床的 X 坐标值。

6）将两次记录的 X 坐标值相加求平均值，所求平均值即为机床 X_0 位置，将其值输入 G54 的 X 中。

7）Y 方向对刀和 X 方向对刀相似。记录刀具接触工件前、后侧面时的坐标值，然后求其平均值，将求得的平均值输入 G54 的 Y 中。

8）Z 方向对刀时，可用刀具试切工件表面，再将其当前 Z 轴机床坐标值直接输入工件坐标系 G54 里。

由于加工该零件使用的刀具较多，同时每把刀的长度不同，所以在加工之前要预先将每把刀装在刀柄上，以 1 号刀为基准刀，对刀时记录其 Z 方向的机床坐标值。然后依次将每把刀装到主轴上，手动使其刀尖接触到工件上表面，记录其机床坐标 Z 方向值，将其值减去基准刀的 Z 值，将得到的值输入相应刀具的长度补偿中。

注：如果用的是 G43 刀具长度正补偿，比基准刀长的刀具长度补偿 H 里输入的为正值，比基准刀短的 H 里输入的为负值；如果采用 G44 刀具长度负补偿，则输入的数值为使用 G43 指令时值的相反数。

四、加工

加工前准备工作：①确保机床开启后回过参考点；②检查机床的快速修调倍率和进给修调倍率，一般快速修调倍率在 20% 以下，进给修调倍率在 50% 以下，以防止速度过快导致撞刀。

加工时如果不确定对刀是否正确，可采用单段加工的方式进行。在确定每把刀具在所建立的坐标系中第一个点正确后，可自动加工。

五、检测

加工完后对零件的尺寸精度和表面质量做相应的检测，分析原因，避免下次加工再出现类似情况。

六、练习题（图 2-9-2）

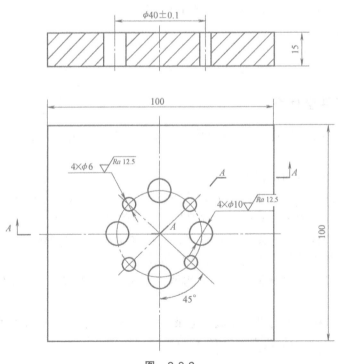

图 2-9-2

任务十　椭圆的铣削加工

毛坯为 60mm×50mm×10mm 铝块，六面已粗加工过，要求用数控铣床加工出图 2-10-1 所示长轴为 50mm、短轴为 30mm 的椭圆凸台，高度为 2mm。

一、工艺分析

1. 分析零件

图 2-10-1 所示零件主要的加工内容为铣削长轴为 50mm、短轴为 30mm 的椭圆凸台，高度为 2mm。零件尺寸精度和表面质量无严格要求，零件材料为铝，尺寸标注和轮廓描述完整。

2. 确定装夹方案

以加工过的底面为定位基准，将工件安放在垫块上，用机用虎钳夹紧工件前后两侧面，虎钳固定于铣床工作台上。

3. 确定刀具

确定刀具的原则是：在保证加工质量的条件下，尽量选择少的刀具，以减少装刀、对刀、换刀时间，提高加工效率。依据此原则选用 $\phi20mm$ 的平底立铣刀，定义刀号为 T01。

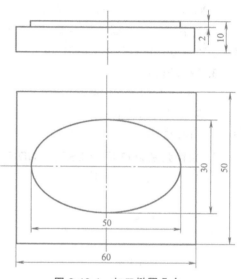

图 2-10-1　加工椭圆凸台

4. 确定加工路径

由外向内去余量，铣削长轴为 50mm、短轴为 30mm 的椭圆凸台。

5. 确定切削参数

切削用量的具体数值应根据该机床性能、加工表面质量，查阅相关的手册并结合实际经验确定。根据以上原则确定本零件加工的三要素：$n = 1200r/min$，$v_f = 200mm/min$，$a_p = 2mm$。

二、编程

一般经济型数控机床只为用户提供直线和圆弧插补功能，对于非圆二次曲线的加工，数控机床会为用户配备类似于高级语言的宏程序功能，用户可以使用变量进行算术运算、逻辑运算和函数的混合运算。此外宏程序还提供了循环语句、分支语句和子程序调用语句，利于编制各种复杂的零件加工程序，减少乃至免除手工编程时烦琐的数值计算，以及精简程序量。

1. 常量

PI：圆周率 π；

TRUE：条件成立（真）；

FALSE：条件不成立（假）。

2. 运算符与表达式

（1）算术运算符

+，-，*，/。

（2）条件运算符

EQ（=），NE（≠），GT（>），GE（≥），LT（<），LE（≤）。

（3）逻辑运算符

AND，OR，NOT。

（4）函数

SIN，COS，TAN，ATAN，ABS，INT，SIGN，SQRT，EXP。

（5）表达式　用运算符连接起来的常数、宏变量构成表达式。例如"175/SQRT［2］＊ COS［55 ＊ PI/180］""#3 ＊ 6 GT 14"。

3. 赋值语句

格式：宏变量=常数或表达式

把常数或表达式的值赋给一个宏变量称为赋值。例如，" #2 ＝ 175/SQRT［2］ ＊ COS［55 ＊ PI/180 ］""#3 ＝ 124.0"。

4. 条件判别语句 IF，ELSE，ENDIF

格式（i）：IF 条件表达式

　　　　　…

　　　　　ELSE

　　　　　…

　　　　　ENDIF

格式（ii）：IF 条件表达式

　　　　　…

　　　　　ENDIF

5. 循环语句 WHILE，ENDW

格式：WHILE 条件表达式

　　　　…

　　　　ENDW

椭圆标注方程为

$$\frac{x^2}{a^2}+\frac{y^2}{b^2}=1$$

椭圆参数方程为

$$x = a\cos\alpha$$

$$y = b\sin\alpha$$

参考程序如下：

%0001；

G17　G21　G80　G90　G54　G40　G49　G69；

M03　S1200；

G00　X80　Y0　Z2；

G01　Z-2　F200；

```
#1 = 0;
#2 = 6;
WHILE  #2  GE  0;
#5 = 25;
#6 = 15;
WHILE #1 GE-360;
#3 = [#5+#2] * COS[#1];
#4 = [#6+#2] * SIN[#1];
G01 X#3 Y#4;
#1 = #1-1;
ENDW;
G01   X80   Y0;
G00   Z100;
M30;
```

三、建立工件坐标系

在 XOY 平面内确定以工件中心为工件原点，Z 方向以工件上表面为工件原点。具体对刀过程如下：

1）先将工件用夹具固定在工作台上。

2）将铣刀装到主轴上，并在 MDI 模式下设定主轴转速 500r/min。

3）移动工作台，使工件右侧面接触刀具，记录此时机床的 X 坐标值。

4）刀具接触工件后，应先将 Z 轴抬起，以免碰坏刀具或分中棒。

5）使刀具接触工件的左侧面，记录此时机床的 X 坐标值。

6）将两次记录的 X 坐标值相加求平均值，所求平均值即为机床 X_0 位置，将其值输入 G54 的 X 中。

7）Y 方向对刀和 X 方向对刀相似。记录刀具接触工件前、后侧面时的坐标值，然后求其平均值，将求得的平均值输入 G54 的 Y 中。

8）Z 方向对刀时，可用刀具试切工件表面，再将其当前 Z 轴机床坐标值直接输入工件坐标系 G54 中。

四、加工

加工前准备工作：①确保机床开启后回过参考点；②检查机床的快速修调倍率和进给修调倍率，一般快速修调倍率在 20% 以下，进给修调倍率在 50% 以下，以防止速度过快导致撞刀。

加工时如果不确定对刀是否正确，可采用单段加工的方式进行。在确定每把刀具在所建立的坐标系中第一个点正确后，可自动加工。

五、检测

加工完后对零件的尺寸精度和表面质量做相应的检测，分析原因，避免下次加工再出现类似情况。

六、练习题

编制图 2-10-2、图 2-10-3 所示零件的加工程序。

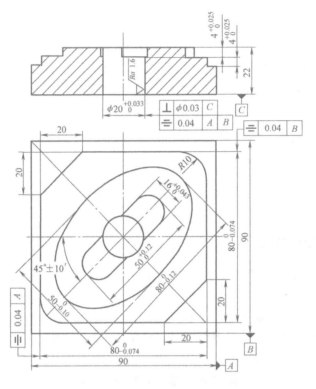

图 2-10-2

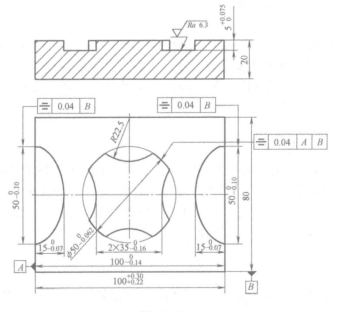

图 2-10-3

任务十一 椭球的铣削加工

毛坯为 70mm×40mm×20mm 块料，六面已粗加工过，要求铣出图 2-11-1 所示的椭球面，工件材料为铝。

一、工艺分析

1. 分析零件

图 2-11-1 所示零件主要的加工内容为铣削长轴为 50mm、短轴为 30mm、高为 20mm 的椭球，零件尺寸精度和表面质量无严格要求，零件材料为铝，尺寸标注和轮廓描述完整。

2. 确定装夹方案

以加工过的底面为定位基准，将工件安放在垫块上，用机用虎钳夹紧工件前后两侧面，虎钳固定于铣床工作台上。

3. 确定刀具

确定刀具的原则是：在保证加工质量的条件下，尽量选择少的刀具，以减少装刀、对刀、换刀时间，提高加工效率。依据此原则选用直径为 $\phi6mm$ 的球头铣刀，定义刀号为 T01。

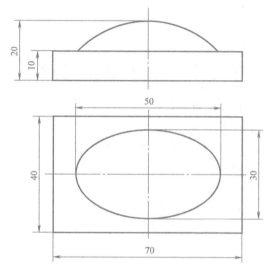

图 2-11-1 加工椭球

4. 确定加工路径

由上向下、由外向内去余量铣削长轴为 50mm、短轴为 30mm、高为 20mm 的椭球。

5. 确定切削参数

切削用量的具体数值应根据该机床性能、加工表面质量，查阅相关的手册并结合实际经验确定。根据以上原则确定本零件加工的三要素：$n = 1200r/min$，$v_f = 200mm/min$，$a_p = 2mm$。

二、编程

```
%8005;用行切法加工椭球,X、Y方向按行距增量进给
#10 = 70;毛坯 X 方向长度
#11 = 40;毛坯 Y 方向长度
#12 = 25;椭圆长半轴
#13 = 15;椭圆短半轴
#14 = 10;椭圆台高度
#15 = 2;行距步长
G92   X0   Y0   Z[#13+20];
G90   G00   X[#10/2] Y[#11/2]   M03   S1200;
```

```
G01   Z0   F400；
X[-#10/2]   Y[#11/2]；
G17   G01   X[-#10/2]   Y[-#11/2]；
X[#10/2]；
Y[#11/2]；
#0=#10/2；
#1=-#0；
#2=#13-#14；
#5=#12*SQRT[1-#2*#2/[#13/#13]]；
G01   Z[#14]；
WHILE [#0 GE #1]；
IF   ABS[#0] LT #5；
#3=#13*SQRT[1-#0*#0/[#12*#12]]；
IF #3   GT #2；
#4=SQRT[#3*#3-#2*#2]；
G01   Y[#4] F400；
G19   G03   Y[-#4]   J[-#4]   K[-#2]；
ENDIF；
ENDIF；
G01   Y[-#11/2]   F400；
#0=#0-#15；
G01   X[#0]；
IF ABS[#0] LT #5；
#3=#13*SQRT[1-#0*#0/[#12*#12]]；
IF #3 GT #2；
#4=SQRT[#3*#3-#2*#2]；
G01 Y[-#4]   F400；
G19   G02   Y[#4]   J[#4]   K[-#2]；
ENDIF；
ENDIF；
G01   Y[#11/2]   F400；
#0=#0-#15；
G01   X[#0]；
ENDW；
G00   Z[#13+20]   M05；
G00   X0   Y0；
M30；
```

三、建立工件坐标系

在 XOY 平面内确定以工件中心为工件原点，Z 方向以工件上表面为工件原点。具体对刀过程如下：

1）先将工件用夹具固定在工作台上。

2）将铣刀装到主轴上，并在 MDI 模式下设定主轴转速 500r/min。

3）移动工作台，使工件右侧面接触刀具，记录此时机床的 X 坐标值。

4）刀具接触工件后，应先将 Z 轴抬起，以免碰坏刀具或分中棒。

5）使刀具接触工件的左侧面，记录此时机床的 X 坐标值。

6）将两次记录的 X 坐标值相加求平均值，所求平均值即为机床 X_0 位置，将其值输入 G54 的 X 中。

7）Y 方向对刀和 X 方向对刀相似。记录刀具接触工件前、后侧面时的坐标值，然后求其平均值，将求得的平均值输入 G54 的 Y 中。

8）Z 方向对刀时，可用刀具试切工件表面，再将其当前 Z 轴机床坐标值直接输入工件坐标系 G54 中。

四、加工

加工前准备工作：①确保机床开启后回过参考点；②检查机床的快速修调倍率和进给修调倍率，一般快速修调倍率在 20% 以下，进给修调倍率在 50% 以下，以防止速度过快导致撞刀。

加工时如果不确定对刀是否正确，可采用单段加工的方式进行。在确定每把刀具在所建立的坐标系中第一个点正确后，可自动加工。

图 2-11-2

五、检测

加工完后对零件的尺寸精度和表面质量做相应的检测，分析原因，避免下次加工再出现类似情况。

六、练习题

编制图 2-11-2 所示零件的加工程序。

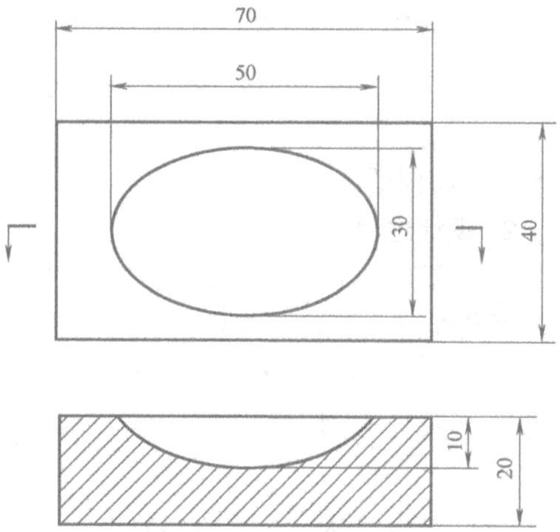

任务十二 CAM 项目（一）

一、建模

练习一图样如图 2-12-1 所示。

图 2-12-2 所示为练习一实体模型，下面介绍其设计方法和步骤。

1. 模型分析

图 2-12-1 所示零件的模型主体部分可通过拉伸、回转、减去等特征操作完成实体建模设计，难点在于回转轴的位置难以确定。可利用建立新的基准 CSYS 来确定，再通过镜像操

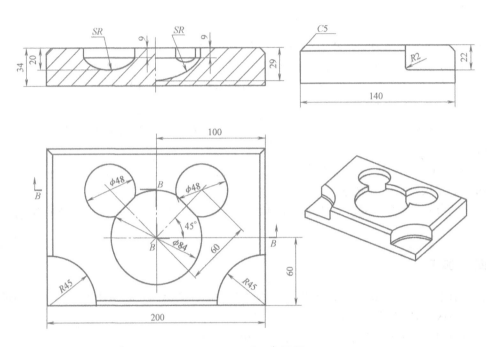

图 2-12-1　练习一图样

148

作来完成相同的部分。

2．设计过程

（1）创建部件文件　选择"新建"命令，系统弹出"新建"部件文件对话框。在"文件名"文本框中输入"lianxi1"，"单位"选择"毫米"，单击"确定"按钮，即可创建部件文件。

（2）创建主体　选择 XC-YC 平面为基准平面，按图 2-12-3 所示的尺寸绘制拉伸建模的草图。选择"拉伸草图"命令，在弹出的"拉伸"对话框中，设置"开始"距离为"0"，"结束"距离为"34"，布尔为"无"，

图 2-12-2　练习一实体模型

单击"确定"按钮，拉伸建模后的实体如图 2-12-4 所示。

（3）倒斜角　倒斜角后的实体如图 2-12-5 所示。

（4）创建 1/4 圆特征　选择 XC-YC 平面为基准平面，按图 2-12-6 所示的尺寸绘制 1/4 圆的草图。拉伸草图，设置"开始"距离为"34-22"，"结束"距离为"34"，布尔为"求差"，结果如图 2-12-7 所示。

（5）创建回转特征　选择 XC-ZC 平面为基准平面，按图 2-12-8 所示的尺寸绘制回转大圆弧体拉伸建模的草图。回转草图，布尔为"求差"，结果如图 2-12-9 所示。

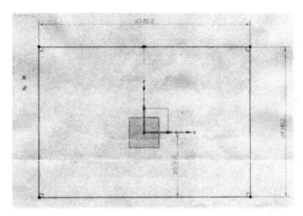

图 2-12-3　主体草图

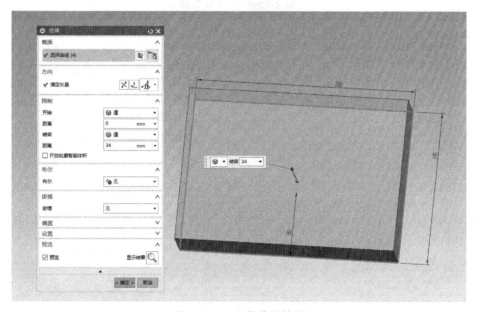

图 2-12-4　主体草图拉伸

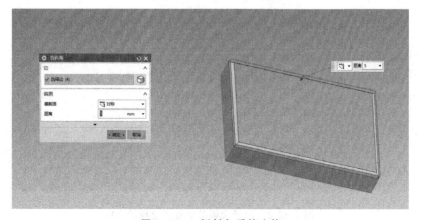

图 2-12-5　倒斜角后的实体

149

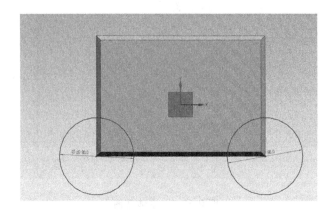

图 2-12-6　1/4 圆草图

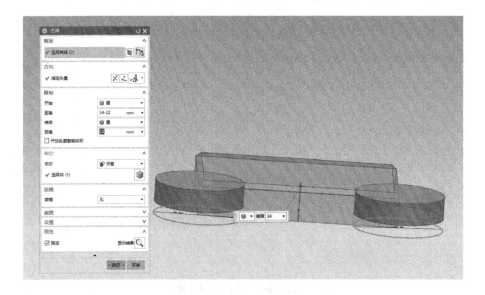

图 2-12-7　1/4 圆草图拉伸

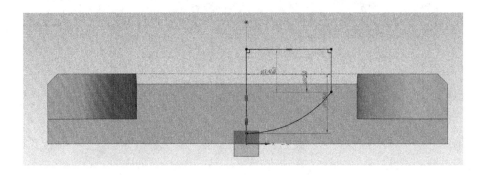

图 2-12-8　回转大圆弧体拉伸建模的草图

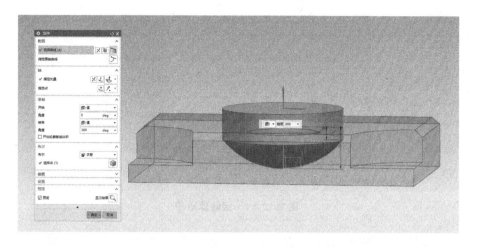

图 2-12-9　回转大圆弧体草图回转

建立新的基准 CSYS，位置如图 2-12-10 所示。

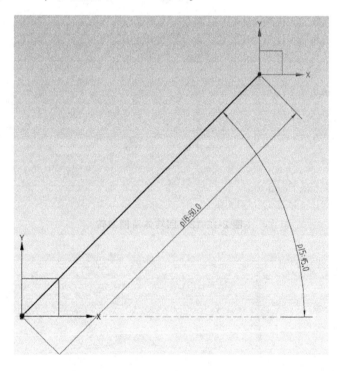

图 2-12-10　新基准 CSYS 位置

选择新的基准 CSYS 的 XC-ZC 平面为基准平面，按图 2-12-11 所示的尺寸绘制拉伸建模的草图。回转草图，布尔为"求差"，结果如图 2-12-12 所示。

镜像特征，选择小回转体为镜像的特征，镜像平面为原基准坐标系的 YC-ZC 平面，如图 2-12-13 所示。

（6）倒圆角　如图 2-12-14 所示，选择图示的 2 条边，设置倒圆半径为 2mm。

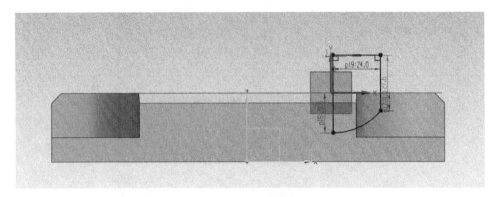

图 2-12-11　回转体草图

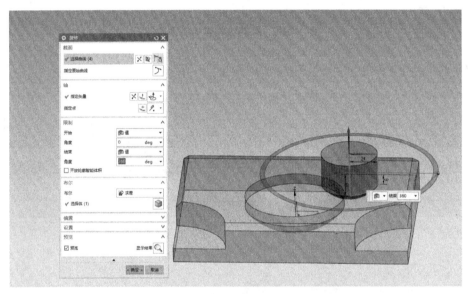

图 2-12-12　回转体草图回转

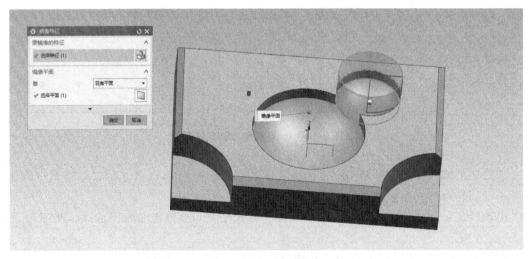

图 2-12-13　镜像特征

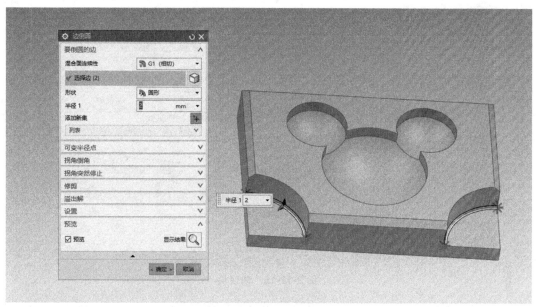

图 2-12-14　倒圆角

二、加工

1. 加工分析

型腔部分采用"型腔铣"的方法来加工；上表面及底平面利用"边界面铣削"的方法来加工；侧壁部分采用"深度轮廓铣"的方法加工；曲面及 $R2$mm 圆角采用"固定轮廓铣"的方法加工。根据加工特点制订加工工序卡，见表 2-12-1。

表 2-12-1　加工工序卡

加工工件	工步内容	加工方法	选用刀具	切削方式	步距	切削用量		
						每刀切削深度/mm	转速/(r/min)	进给速度/(mm/min)
主模型	粗加工	型腔铣	φ20mm平底立铣刀	跟随周边	刀具直径70%	1	3000	1000
	精加工	边界面铣削	φ20mm平底立铣刀	单向	刀具直径50%	—	5000	1500
	精加工	深度轮廓铣	φ20mm球头铣刀	跟随工件外形	恒定 3mm	3	5000	1500
	精加工	固定轮廓铣	$R5$mm球头铣刀	跟随周边	恒定 0.1mm	—	3000	1000
	精加工	固定轮廓铣	$R2$mm球头铣刀	清根	刀具直径5%	—	3000	800

2. 加工设计

（1）创建块　选择"应用模块"→"冲模工程"→"块"命令，弹出"创建方块"对话框，设置四周间隙为"0"，单独将上表面间隙设置为"1"，毛坯为 200mm×140mm×35mm 的精毛坯，如图 2-12-15 所示。

153

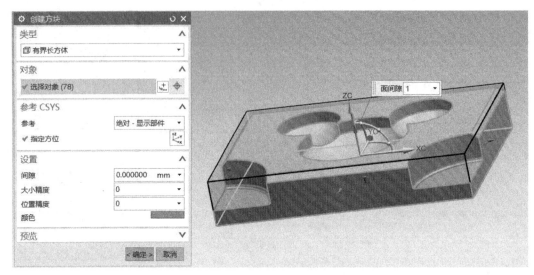

图 2-12-15　创建块

（2）设置加工环境　选择"应用模块"→"加工"命令，弹出"加工"对话框，默认设置，单击"确定"按钮，完成加工环境设置。

（3）创建刀具　单击"创建刀具"按钮，在"子类型"区域中单击"mill"图标，"名称"输入"D20"，其他选项保持默认，单击"应用"按钮。弹出"铣刀-5 参数"对话框，输入 ϕ20mm 平底立铣刀的相关参数，如图 2-12-16 所示，单击"确定"按钮，完成第一把刀的创建。

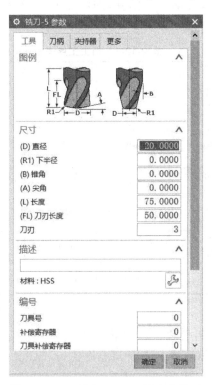

图 2-12-16　创建 ϕ20mm 平底立铣刀

同理，创建圆角为 $R5\mathrm{mm}$ 的球头铣刀，名称为"R5"，如图 2-12-17 所示；创建圆角为 $R2\mathrm{mm}$ 的球头铣刀，名称为"R2"，如图 2-12-18 所示。

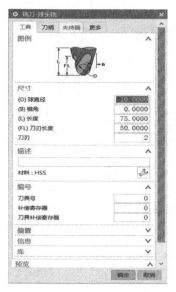

图 2-12-17　创建圆角为 $R5\mathrm{mm}$ 球头铣刀

图 2-12-18　创建圆角为 $R2\mathrm{mm}$ 球头铣刀

（4）创建几何体

1）在几何视图中，打开工序导航器的折叠框，双击"MCS MILL"，弹出"创建几何体"对话框，单击"应用"按钮，弹出图 2-12-19 所示的"MCS 铣削"对话框。选择"自动判断"，将加工坐标系选择到毛坯上表面的中点，如图 2-12-20 所示。连续单击两次"确定"按钮，返回【创建几何体】对话框。

图 2-12-19　"MCS 铣削"对话框

图 2-12-20　选择加工坐标系

2）双击工序导航器中的"WORKPIECE"按钮，弹出"铣削几何体"对话框，指定部件及毛坯，单击"确定"按钮，如图 2-12-21 所示。

（5）创建工序

1）选择"插入"→"工序"命令，弹出"创建工序"对话框，在工序子类型中选择第一个按钮"CAVITY-MILL"，在位置程序中选择"NC-PROGRAM"，刀具选择"D20"，几何体选择"WORKPIECE"，单击"确定"按钮，如图 2-12-22 所示。

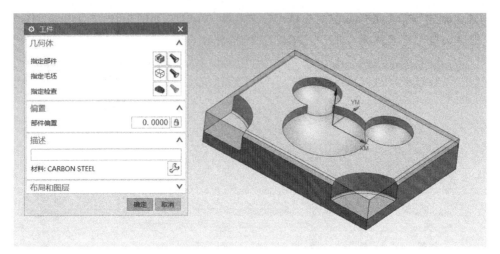

图 2-12-21 指定部件及毛坯

2）在弹出的"型腔铣"对话框中的刀轨设置中，输入切削模式为"跟随周边"，步距为刀具直径 70%，公共每刀切削深度为"1"，如图 2-12-23a 所示，单击"进给率和速度"，按钮。在弹出的"进给率和速度"对话框中，设置主轴速度为"3000"，进给率为"1000"；如图 2-12-23b 所示，单击"确定"按钮。返回"型腔铣"对话框，单击"生成"按钮，刀轨如图 2-12-24 所示。

（6）精加工

1）面铣削区域加工。单击"加工视图"，按钮选择"创建工序"命令，在弹出的对话框中选择"边界面铣削"。单击"应用"按钮，弹出"面铣"对话框，参数设置如图 2-12-25a 所示，选择要铣削的平面，单击"进给率和速度"按钮。在弹出的"进给率和速

图 2-12-22 "创建工序"对话框

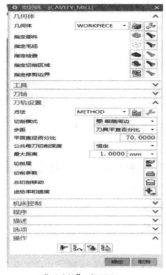

a）"型腔铣"对话框

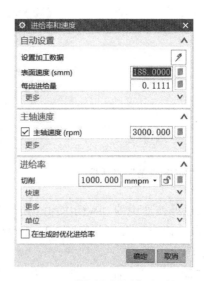

b）"进给率和速度"对话框

图 2-12-23 "型腔铣"对话框的刀轨设置

度"对话框中，设置主轴速度为"5000"，进给率为"1500"然后单击"确定"按钮，如图 2-12-25b 所示。返回"面铣"对话框，再单击"生成"按钮，即可生成面铣削区域刀轨，如图 2-12-26 所示。

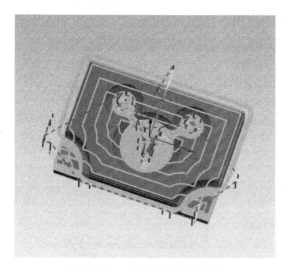

图 2-12-24　生成的型腔铣刀轨

a)"面铣"对话框

b)"进给率和速度"对话框

图 2-12-25　"面铣"对话框的刀轨设置

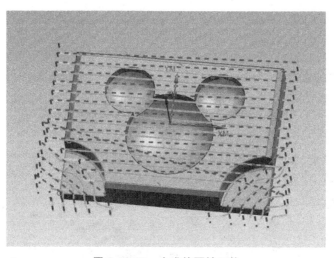

图 2-12-26　生成的面铣刀轨

2）深度轮廓加工。单击"创建工序"按钮，在弹出的对话框中单击"深度轮廓加工"按钮，单击"确定"按钮，在弹出的"深度轮廓加工"对话框中，单击选择要铣削的面，如图 2-12-27a 所示，单击"进给率和速度"按钮。在弹出的"进给率和速度"对话框中，设置主轴速度为"5000"，进给率为"1500"，如图 2-12-27b 所示，单击"确定"按钮。返回"深度轮廓加工"对话框，再单击"生成"按钮，即可生成深度轮廓加工的刀轨，如图 2-12-28 所示。

3）固定轮廓铣。选择"创建工序"命令，在弹出的对话框中单击"固定轮廓铣"图标，单击"确定"按钮。在弹出的"固定轮廓铣"对话框中，单击选择要铣削的面，驱动方法选择"区域铣削"如图 2-12-29a 所示，单击"进给率和速度"按钮。在弹出的对话框中，设置主轴速度为"3000"，进给率为"1000"，如图 2-12-29b 所示，单击"确定"按钮。返回"固定轮廓铣"对话框，再单击"生成"按钮，即可生成固定轮廓加工的刀轨，如图 2-12-30 所示。

4）对图 2-12-2 所示模型进行整体仿真，结果如图 2-12-31 所示。

a)"深度轮廓加工"对话框

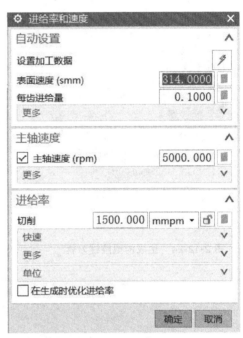

b)"进给率和速度"对话框

图 2-12-27 "深度轮廓加工"对话框的刀轨设置

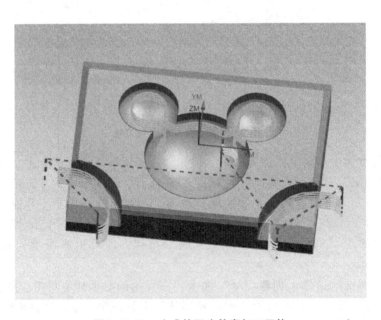

图 2-12-28 生成的深度轮廓加工刀轨

a)"固定轮廓铣"对话框

b)"进给率和速度"对话框

图 2-12-29 "固定轮廓铣"对话框的刀轨设置

图 2-12-30 生成的固定轮廓铣刀轨

图 2-12-31 练习一模型仿真结果

任务十三 CAM 项目（二）

一、建模

练习二图样如图 2-13-1 所示。

图 2-13-2 所示为练习二实体模型，下面介绍其设计方法和步骤。

1. 模型分析

图 2-13-1 所示零件的模型主体部分可通过拉伸、拔模、偏置曲面、修剪体等特征操作

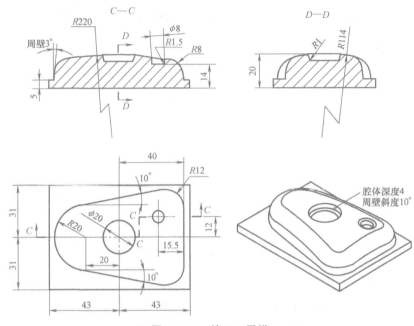

图 2-13-1　练习二图样

完成实体建模设计，难点在于腔体的建模与主体上表面的建模。腔体的建模可用偏置曲面与拉伸操作完成，主体上表面可用扫掠与修剪体方式完成。

2. 设计过程

（1）创建部件文件　选择"新建"命令，系统弹出"新建"部件文件对话框。在"文件名"文本框中输入"lianxi2"，"单位"选择"毫米"，单击"确定"按钮，即可创建部件文件。

（2）创建底部　选择 XC-YC 平面为基准平面，按图 2-13-3 所示的尺寸绘制拉伸建模的草图，选择"拉伸草图"命令，在弹出的"拉伸"对话框中设置"开始"距离为"0"，"结束"距离为"5"，布尔为"无"，单击"确定"按钮，拉伸建模后的实体如图 2-13-4 所示。

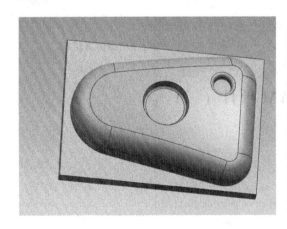

图 2-13-2　练习二实体模型

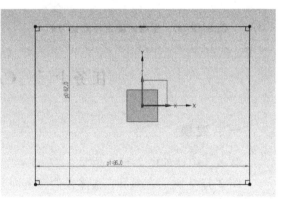

图 2-13-3　底部草图

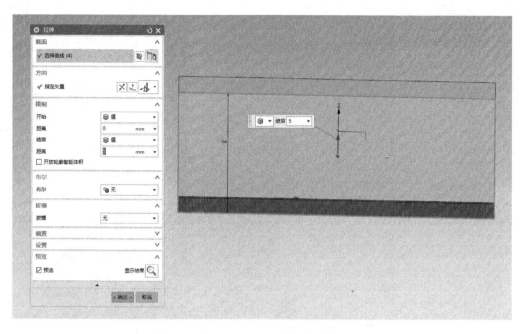

图 2-13-4　底部草图拉伸

（3）创建主体

1）选择 XC-YC 平面为基准平面，按图 2-13-5 所示的尺寸绘制拉伸建模的草图。在"拉伸"对话框中，设置"开始"距离为"0"，"结束"距离为"40"，布尔为"求和"，单击"确定"按钮，拉伸建模后的实体如图 2-13-6 所示。

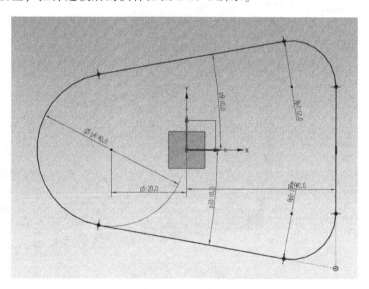

图 2-13-5　主体草图

2）拔模。在"拔模"对话框中，选择底部的上表面为固定面，选择主体四周的 6 个面为要拔模的面，拔模角度为 3°，单击"确定"按钮，如果如图 2-13-7 所示。

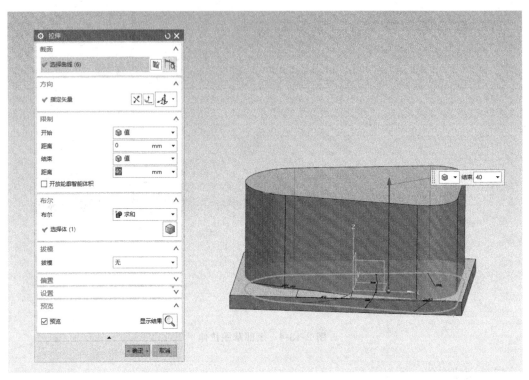

图 2-13-6　主体草图

162

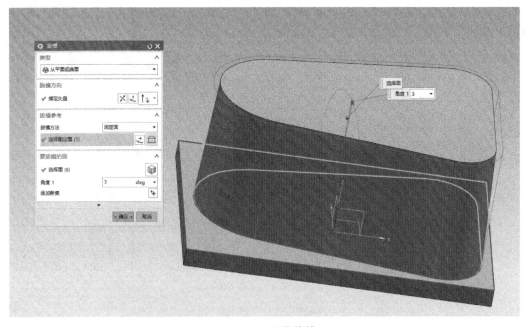

图 2-13-7　主体拔模

（4）主体上表面的建模

1）选择 XC-ZC 平面为基准平面，按图 2-13-8 所示的尺寸绘制草图。选择 YC-ZC 平面为基准平面，按图 2-13-9 所示的尺寸绘制草图。

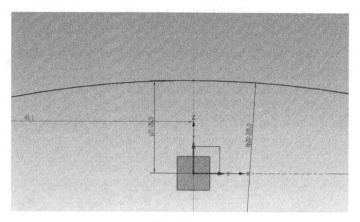

图   2-13-8

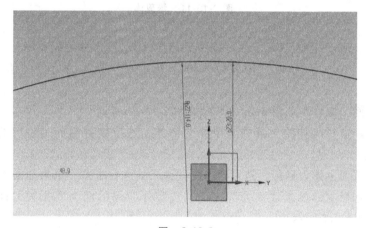

图   2-13-9

2）选择图 2-13-8、图 2-13-9 所示的两条曲线进行扫掠，结果如图 2-13-10 所示。

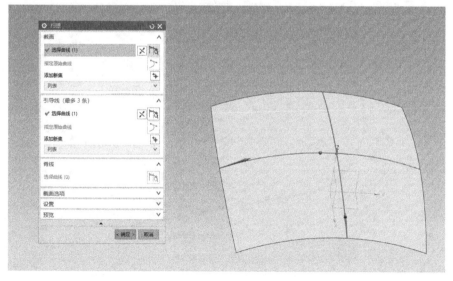

图 2-13-10   扫掠

3）选择图 2-13-10 所示扫掠所得的曲面来修剪主体，结果如图 2-13-11 所示。

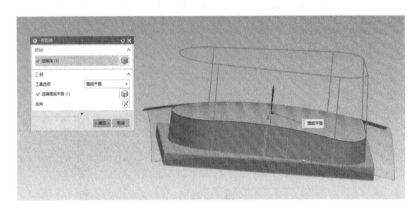

图 2-13-11　修剪体

4）选择 XC-YC 平面为基准平面，按图 2-13-12 所示的尺寸绘制草图。拉伸草图，设置"开始"距离为"14"，"结束"距离为"40"，布尔为"无"，拉伸后的实体如图 2-13-13 所示。

5）偏置曲面，偏置距离为 4mm，结果如图 2-13-14 所示。

6）修剪体。选择拉伸的大圆柱为要修剪的体，选择偏置曲面为修剪的曲面，结果如图 2-13-15 所示。

7）求差。选择主体为目标，选择两个圆柱为工具进行求差，结果如图 2-13-16 所示。

8）拔模。选择主体的上表面为固定面，选腔体四周的面为要拔模的面，拔模角度为 10°，结果如图 2-13-17 所示。

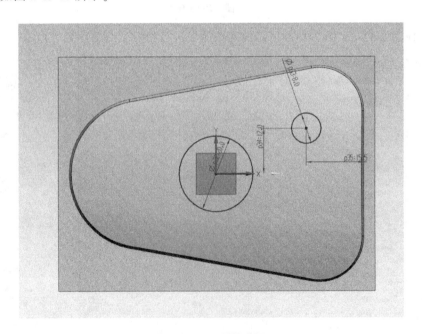

图 2-13-12　圆柱草图

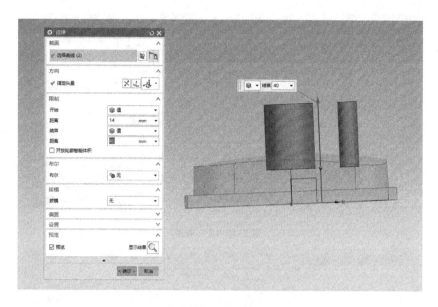

图 2-13-13　圆柱草图拉伸

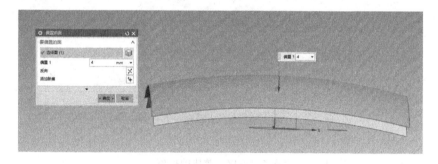

图 2-13-14　偏置曲面

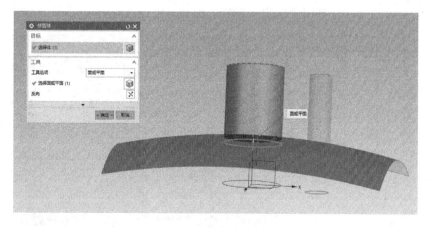

图 2-13-15　修剪体

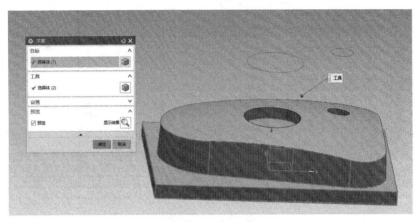

图 2-13-16　求差

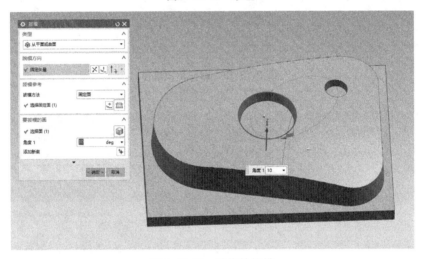

图 2-13-17　腔体的拔模

9）倒圆角。

如图 2-13-18 所示，选择图示的边，设置边倒圆半径为 1.5mm。

如图 2-13-19 所示，选择图示的边，设置边倒圆半径为 1mm。

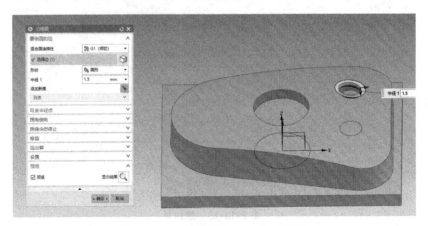

图 2-13-18　倒半径为 1.5mm 的圆角

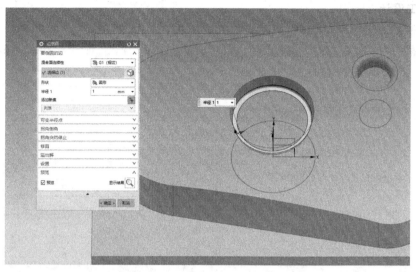

图 2-13-19　倒半径为 1mm 的圆角

（5）整理图形　将基准及曲线等隐藏，最终完成的模型如图 2-13-20 所示。

二、加工

1. 加工分析

型腔部分采用"型腔铣"的方法来加工；上表面及底平面利用"边界面铣削"的方法来加工；侧壁部分采用"深度轮廓铣"的方法加工；曲面及 $R3mm$ 圆角采用"固定轮廓铣"的方法加工。根据加工特点制订加工工序卡，见表 2-13-1。

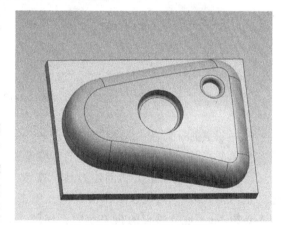

图 2-13-20　最终完成的模型

表 2-13-1　加工工序卡

加工工件	工步内容	加工方法	选用刀具	切削方式	步距	切削用量		
						每刀切削深度/mm	转速/(r/min)	进给速度/(mm/min)
主模型	粗加工	型腔铣	ϕ20mm 平底立铣刀	跟随周边	刀具直径 50%	1	4000	1500
	粗加工	型腔铣	ϕ6mm 平底立铣刀	跟随周边	刀具直径 50%	0.6	4000	1500
	精加工	边界面铣削	ϕ20mm 平底立铣刀	跟随部件	刀具直径 75%	—	5000	1500
	精加工	深度轮廓铣	ϕ20mm 球头铣刀		恒定 3mm	3	5000	1500
	精加工	固定轮廓铣	$R3mm$ 球头铣刀	跟随周边	恒定 0.2mm	—	5000	1000

167

2. 加工设计

（1）创建块　选择"应用模块"→"冲模工程"→"块"命令，弹出"创建方块"对话框，设置四周间隙为"0"，单独将上表面间隙设置为"1"，毛坯为 86mm×62mm×21mm 的精毛坯，如图 2-13-21 所示。

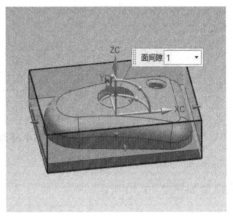

图　2-13-21

（2）设置加工环境　选择"应用模块"→"加工"命令，弹出"加工"对话框，默认设备，单击"确定"按钮，完成加工环境设置。

（3）创建刀具　单击"创建刀具"按钮，在"子类型"区域中单击"mill"图标，"名称"输入"D20"，其他选项保持默认，单击"应用"按钮。弹出"铣刀-5参数"对话框，输入 ϕ20mm 平底立铣刀的相关参数，如图 2-13-22 所示，单击"确定"按钮，完成第一把刀的创建。

同理，创建 ϕ6mm 的平底立铣刀，名称为"D6"，如图 2-13-23 所示；创建 R3mm 的球头铣刀，名称为"R3"，如图 2-13-24a 所示；创建半径为 10mm 的球头铣刀，名称为"R10"，如图 2-13-24b 所示。

（4）创建几何体

1）在几何视图中，打开工序导航器的折叠框，双击"MCS MILL."按钮，单击"应用"按钮，弹出图 2-13-25 所示的对话框。选择"自动判断"，将加工坐标系选择到毛坯上表面的中点，如图 2-13-26 所示。连续单击两次"确定"按钮，返回【创建几何体】对话框。

2）双击工序导航器中的"WORKPIECE"按钮弹出"铣削几何体"对话框，指定部件及毛坯，单击"确定"键钮，如图 2-13-27 所示。

（5）创建工序

1）选择"插入"→"工序"命令，弹出"创建工序"对话框，在工序子类型中选择第一个按钮"CAVITY-MILL"，在位置程序中选择"NC-PROGRAM"，刀具选择"D20"，几何体选择"WORKPIECE"，单击"确定"按钮，如图 2-13-28 所示。

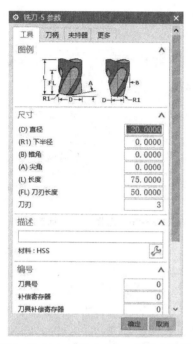

图 2-13-22　创建 φ20mm 平底立铣刀

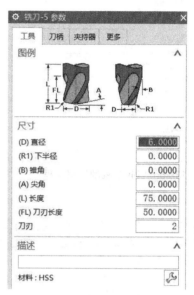

图 2-13-23　创建 φ6mm 平底立铣刀

a) 创建R3mm球头铣刀

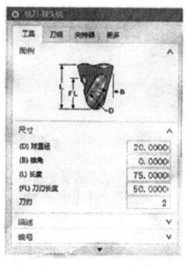

b) 创建R10mm球头铣刀

图 2-13-24　创建球头铣刀

2）在弹出的"型腔铣"对话框中的刀轨设置中，输入切削模式为"跟随周边"，步距为刀具平面直径百分比 50%，公共每刀切削深度为"恒定"，最大距离为"1"，如图 2-13-29a 所示单击"进给率和速度"按钮。在弹出的"进给率和速度"对话框中，设置主轴速度为"4000"，进给率为"1500"，如图 2-13-29b 所示单击"确定"按钮。返回"型腔铣"对话框，单击"生成"按钮，刀轨如图 2-13-30 所示。

图 2-13-25 "MCS 铣削"对话框

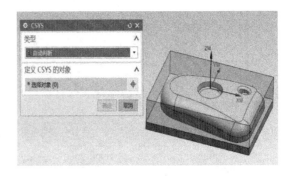

图 2-13-26 选择加工坐标系

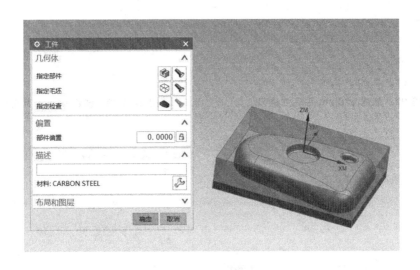

图 2-13-27 指定部件及毛坯

同理，选择直径为 6mm 的平底立铣刀对 φ20mm 平底立铣刀加工不到的区域进行加工，生成的刀轨如图 2-13-31 所示。

（6）精加工

1）面铣削区域加工。单击"加工视图"按钮，选择"创建工序"命令，在弹出的对话框中选择"边界面铣削"。单击"应用"按钮，弹出"面铣"对话框，参数设置如图 2-13-32a 所示，选择要铣削的平面，单击"进给率和速度"按钮。在弹出的"进给率和速度"对话框中，设置主轴速度为"5000"，进给率为"1500"，如图 2-13-32b 所示，然后单击"确定"按钮。返回"面铣"对话框，再单击"生成"按钮，即可生成面铣削区域刀轨，如图 2-13-33 所示。

图 2-13-28 "创建工序"对话框

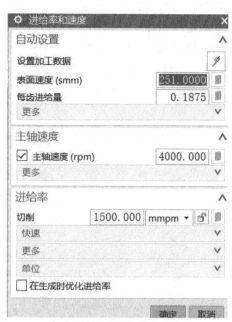

a)"型腔铣"对话框   b)"进给率和速度"对话框

图 2-13-29 "型腔铣"对话框的刀轨设置

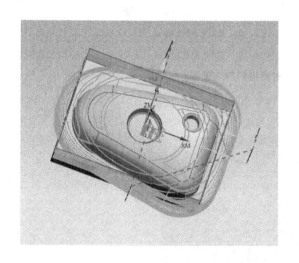

图 2-13-30 生成的型腔铣粗加工刀轨(一)

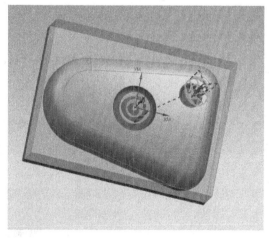

图 2-13-31 生成的型腔铣粗加工刀轨(二)

2)深度轮廓加工。选择"创建工序"命令,在弹出的对话框中,单击"深度轮廓加工"按钮,单击"确定"按钮。在弹出的"深度轮廓加工"对话框中单击选择要铣削的面,如图 2-13-34a 所示,单击"进给率和速度"按钮。在弹出的"进给率和速度"对话框中,设置主轴速度为"5000",进给率为"1500",如图 2-13-34b 所示,单击"确定"按钮。返回"深度轮廓加工"对话框,再单击"生成"按钮,即可生成深度轮廓加工的刀轨,如图 2-13-35 所示。

3）固定轮廓铣。选择"创建工序"命令，在弹出的对话框中单击"固定轮廓铣"按钮，单击"确定"按钮。在弹出的"固定轮廓铣"对话框中，单击选择要铣削的面，驱动方法选择"区域铣削"，主轴速度为"5000"，进给率为"1000"，如图 2-13-36 所示，单击"确定"按钮。返回"固定轮廓铣"对话框，再单击"生成"按钮，即可生成固定轮廓铣加工的刀轨，如图 2-13-37 所示。

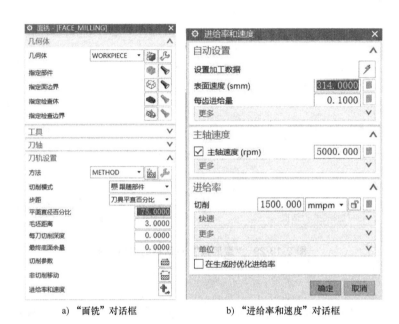

a)"面铣"对话框　　b)"进给率和速度"对话框

图 2-13-32　"面铣"对话框的刀轨设置

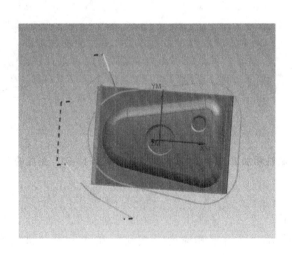

图 2-13-33　生成的面铣刀轨

4）对图 2-13-2 所示模型进行整体仿真，结果如图 2-13-38 所示。

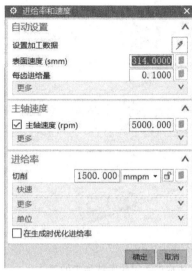

a)"深度轮廓加工"对话框　　　　　　　　　b)"进给率和速度"对话框

图 2-13-34　"深度轮廓加工"对话框的刀轨设置

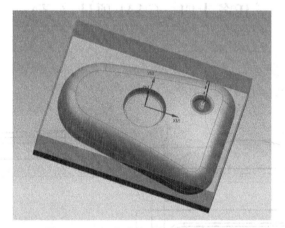

图 2-13-35　生成的深度轮廓加工刀轨

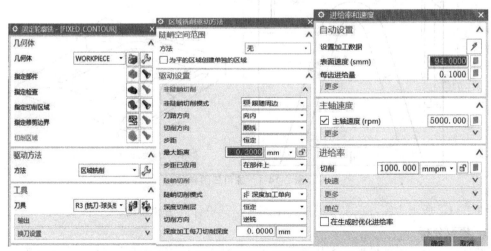

图 2-13-36　"固定轮廓铣"对话框的刀轨设置

173

图 2-13-37　生成的固定轮廓铣加工的刀轨

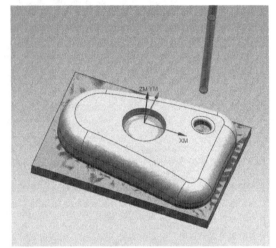

图 2-13-38　练习二模型仿真结果

任务十四　CAM 项目（三）

一、建模

练习三图样如图 2-14-1 所示。

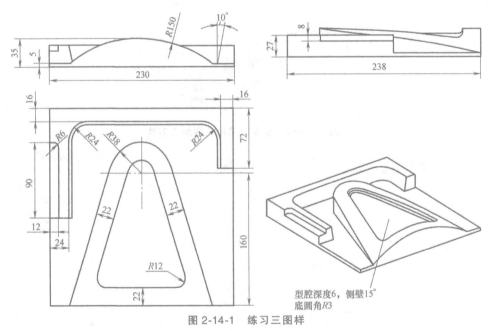

型腔深度6，侧壁15°
底圆角R3

图 2-14-1　练习三图样

图 2-14-2 所示为练习三实体模型，下面介绍其设计方法和步骤。

1. 模型分析

图 2-14-1 所示零件模型的主体部分可通过拉伸、偏置曲面、修剪体等特征操作完成实

体建模设计，难点在于腔体的建模与主体的定位。腔体的建模可用偏置曲面与拉伸操作完成。

2. 设计过程

（1）创建部件文件　选择"新建"命令，系统弹出"新建"部件文件对话框。在"文件名"文本框中输入"lianxi3"，"单位"选择"毫米"，单击"确定"按钮，即可创建部件文件。

（2）创建底部　选择 XC-YC 平面为基准平面，按图 2-14-3 所示的尺寸绘制拉伸建模的草图。选择"拉伸草图"命令，在弹出的"拉伸"对话框中设置"开始"距离为"0"，"结束"距离为"5"，布尔为"无"，单击"确定"按钮，拉伸建模后的实体如图 2-14-4 所示。

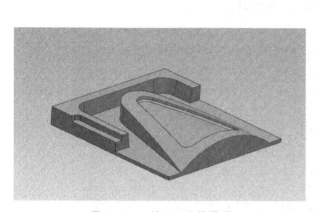

图 2-14-2　练习三实体模型

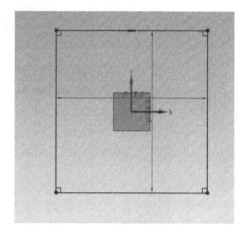

图 2-14-3　底部草图

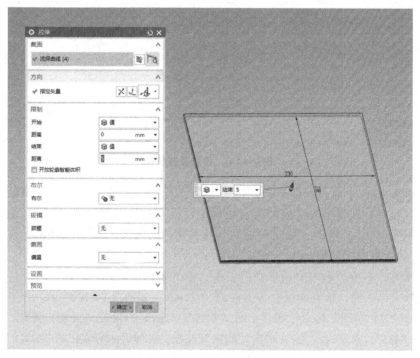

图 2-14-4　底部草图拉伸

（3）创建主体

1）选择底部的短侧面为基准平面，按图 2-14-5 所示的尺寸绘制曲面的草图。拉伸草图，布尔为"无"，拉伸建模后的片体如图 2-14-6 所示。

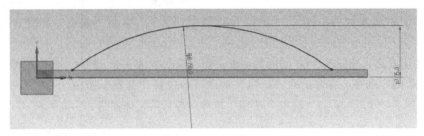

图 2-14-5　曲面草图

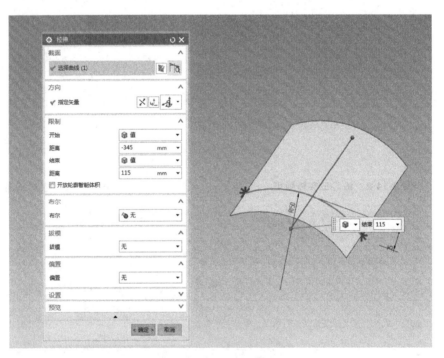

图 2-14-6　曲面草图拉伸

2）选择 XC-YC 平面为基准平面，按图 2-14-7 所示的尺寸绘制拉伸建模的草图。选择"拉伸草图"命令，在弹出的"拉伸"对话框中设置"开始"距离为"0"，"结束"距离为"115"，布尔为"无"，单击"确定"按钮，拉伸建模后的实体如图 2-14-8 所示。

（4）主体上表面的建模

1）选择图 2-14-6 所示的曲面来修剪主体，如图 2-14-9 所示。

2）选择主体底面，偏置曲线，偏置距离为 22mm，如图 2-14-10 所示。

3）选择"拉伸草图"命令，在弹出的"拉伸"对话框中设置"开始"距离为"0"，"结束"距离为"115"，布尔为"无"，单击"确定"按钮，拉伸后的实体如图 2-14-11 所示。

4）偏置曲面。偏置距离为 6mm，如图 2-14-12 所示。

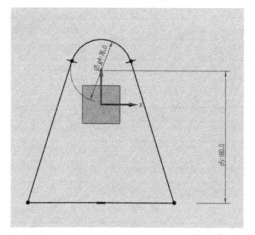

图 2-14-7　主体草图

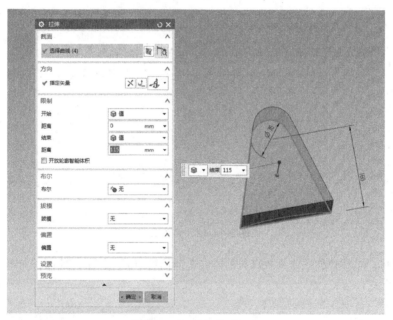

图 2-14-8　主体草图拉伸

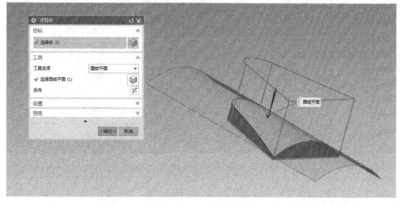

图 2-14-9　修剪主体

177

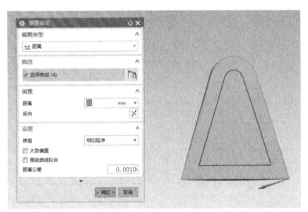

图 2-14-10　偏置曲线

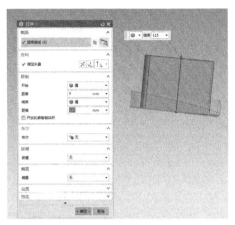

图 2-14-11　偏置曲线拉伸

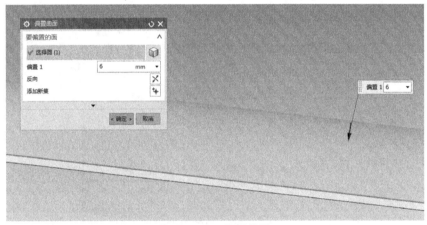

图 2-14-12　偏置曲面

5）修剪体。选择拉伸主体为要修剪的体，选择偏置曲面为修剪的曲面，如图 2-14-13 所示。

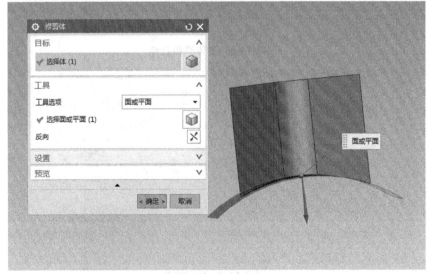

图 2-14-13　修剪体

6）求差。选择主体为目标，选择修剪体为工具进行求差，如图 2-14-14 所示。

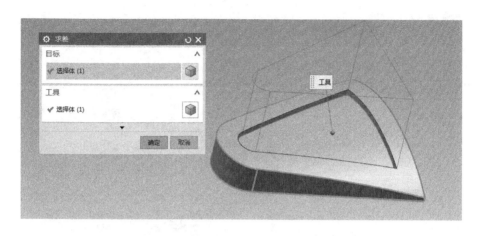

图 2-14-14 求差

7）倒圆角。如图 2-14-15 所示，选择图示的两条边，设置边倒圆半径为 12mm。

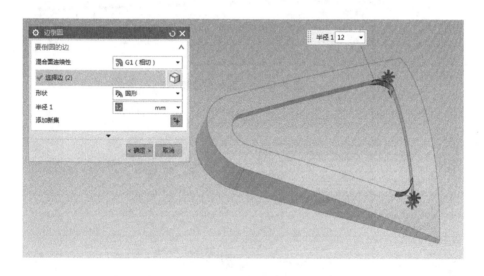

图 2-14-15 倒半径为 12mm 的圆角

8）拔模。选择主体的上表面为固定面，选腔体四周的面为要拔模的面，拔模角度为 15°，如图 2-14-16 所示。

9）倒圆角。如图 2-14-17 所示，选择图示的边，设置边倒圆半径为 3mm。

（5）建立阶梯特征

1）选择 XC-YC 平面为基准平面，按图 2-14-18 所示的尺寸绘制阶梯草图。选择"拉伸草图"命令，在弹出的"拉伸"对话框中设置"开始"距离为"0"，"结束"距离为"27"，布尔为"求和"，单击"确定"按钮，拉伸建模后的实体如图 2-14-19 所示。

2）拔模。选择阶梯的上表面为固定面，选择阶梯内侧的 5 个面为要拔模的面，拔模角度为 10°，如图 2-14-20 所示。

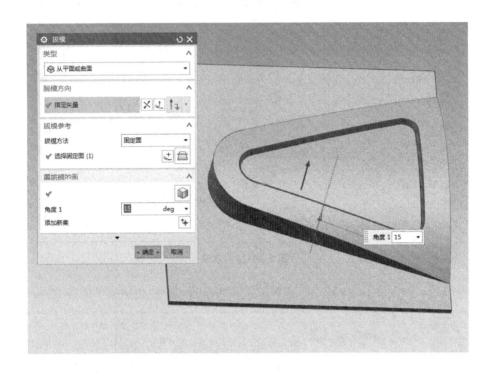

图 2-14-16　腔体的拔模

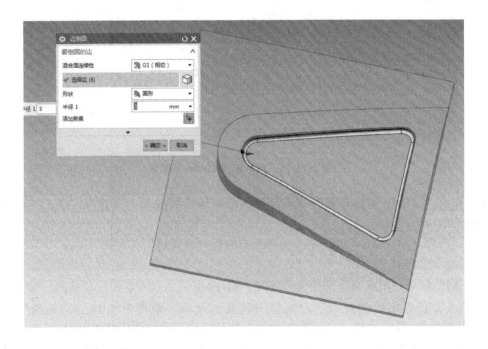

图 2-14-17　倒半径为 3mm 的圆角

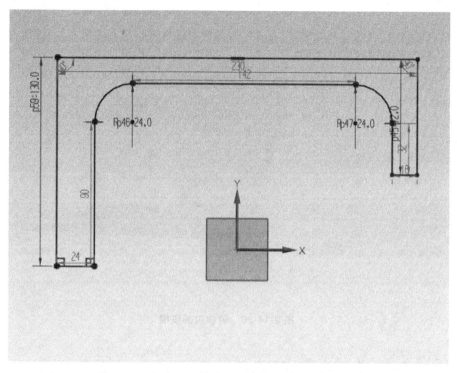

图 2-14-18　阶梯草图

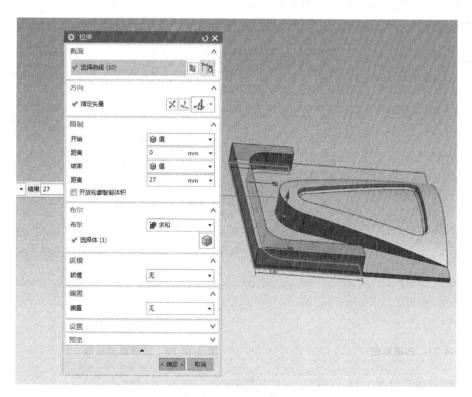

图 2-14-19　阶梯草图拉伸

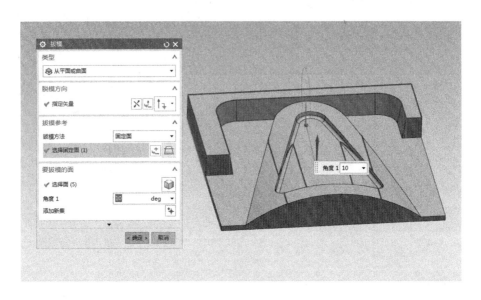

图 2-14-20　阶梯内部拔模

（6）创建凹槽

1）选择阶梯上表面为基准平面，按图 2-14-21 所示的尺寸绘制凹槽草图。选择"拉伸草图"命令，在弹出的"拉伸"对话框中设置"开始"距离为"0"，"结束"距离为"8"，布尔为"求差"，单击"确定"按钮，拉伸建模后的实体如图 2-14-22 所示。

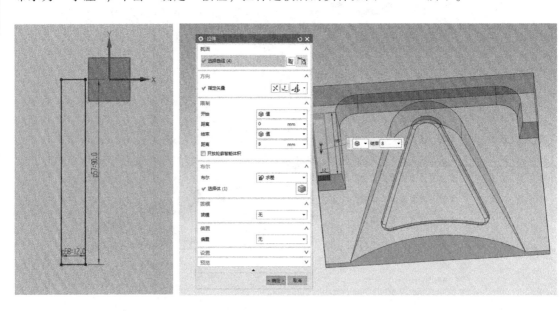

图 2-14-21　凹槽草图

图 2-14-22　凹槽草图拉伸

2）倒圆角。如图 2-14-23 所示，选择图示的边，设置边倒圆半径为 6mm。

（7）整理图形　将基准及曲线等隐藏，最终完成的模型如图 2-14-24 所示。

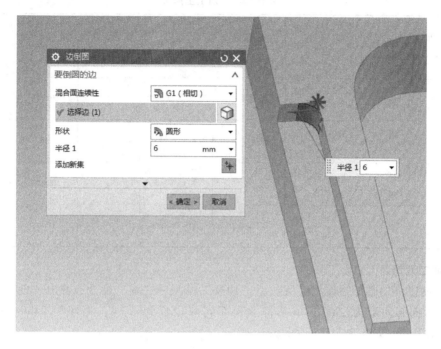

图 2-14-23 倒半径为 6mm 的圆角

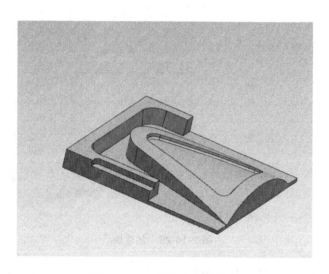

图 2-14-24 最终完成的模型

二、加工

1. 加工分析

型腔部分采用 "型腔铣" 的方法来加工；上表面及底面平面利用 "边界面铣削" 的方法来加工；侧壁部分采用 "深度轮廓铣" 的方法加工；曲面及 $R2mm$ 圆角采用 "固定轮廓铣" 的方法加工。根据加工特点制订加工工序卡，见表 2-14-1。

表 2-14-1　加工工序卡

工步内容	加工方法	选用刀具	切削方式	步距	切削用量		
					每刀切削深度/mm	转速/(r/min)	进给速度/(mm/min)
加工工件	粗加工	型腔铣	φ16mm 平底立铣刀	跟随周边	刀具直径 50%	1	3000	1000
	精加工	边界面铣削	φ10mm 平底立铣刀	跟随部件	刀具直径 75%	—	5000	1500
	精加工	深度轮廓铣	φ10mm 球头铣刀	—	恒定 3mm	3	5000	1500
	精加工	固定轮廓铣	R3mm 球头铣刀	跟随周边	恒定 0.2mm	—	5000	1500

2. 加工设计

（1）创建块　选择"应用模块"→"冲模工程"→"块"命令，弹出"创建方块"对话框，设置四周间隙为"0"，单独将上表面间隙设置为"2"，毛坯为 238mm×230mm×37mm 的精毛坯，如图 2-14-25 所示。

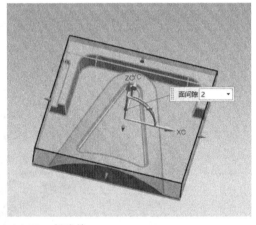

图 2-14-25　创建块

（2）设置加工环境　选择"应用模块"→"加工"命令，弹出"加工"对话框，默认设置，单击"确定"按钮，完成加工环境设置。

（3）创建刀具　单击"创建刀具"按钮，在"子类型"区域中单击"mill"按钮，"名称"输入"D16"，其他选项保持默认，单击"应用"按钮。弹出"铣刀-5 参数"对话框，输入 φ16mm 平底立铣刀的相关参数，如图 2-14-26 所示，单击"确定"按钮，完成第一把刀的创建。

同理，创建 φ10mm 的平底立铣刀，名称为"D10"，如图 2-14-27 所示；R3mm 的球头铣刀，名称为"R3"；如图 2-14-28 所示。

（4）创建几何体

1）在几何视图中，打开工序导航器的折叠框，双击"MCS MILL."，单击"应用"按钮，弹出图 2-14-29 所示的"MCS 铣削"对话框。选择"自动判断"，将加工坐标系选择到毛坯上表面的中点，如图 2-14-30 所示。连续单击两次"确定"按钮，返回"创建几何体"对话框。

2）双击工序导航器中的"WORKPIECE"按钮，弹出"铣削几何体"对话框，指定部件及毛坯，单击"确定"按钮，如图 2-14-31 所示。

（5）创建工序。

1）选择"插入"→"工序"命令，弹出"创建工序"对话框，在工序子类型中选择第一个按钮"CAVITY-MILL"，在位置程序中选择"NC-PROGRAM"，刀具选择"D16"，几何体选择"WORKPIECE"，单击"确定"按钮，如图 2-14-32 所示。

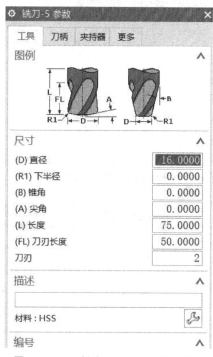

图 2-14-26　创建 φ16mm 平底立铣刀

2）在弹出的"型腔铣"对话框中的刀轨设置中，输入切削模式为"跟随周边"，步距为刀具直径 50%，如图 2-14-33a 所示，单击"进给率和速度"按钮。在弹出的"进给率和速度"对话框中，设置主轴速度为"3000"，进给率为"1000"，如图 2-14-33b 所示，单击"确定"按钮。返回"型腔铣"对话框单击"生成"按钮，刀轨如图 2-14-34 所示。

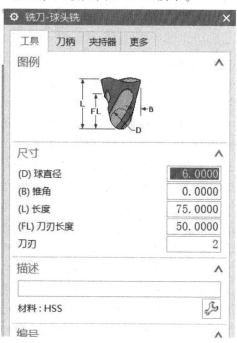

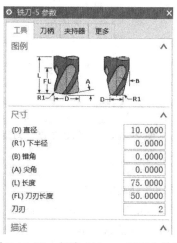

图 2-14-27　创建 φ10mm 平底立铣刀

图 2-14-28　创建 R3mm 球头铣刀

图 2-14-29 "MCS 铣削"对话框

图 2-14-30 选择加工坐标系

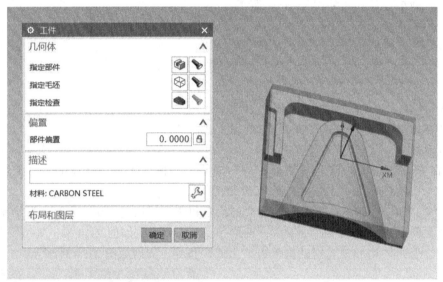

图 2-14-31 指定部件及毛坯

（6）精加工

1）面铣削区域加工。单击"加工视图"按钮，选择"创建工序"命令，在弹出的对话框中选择"边界面铣削"。单击"应用"按钮，弹出"面铣"对话框，参数设置如图 2-14-35a 所示，选择要铣削的平面，单击"进给率和速度"按钮。在弹出的"进给率和速度"对话框中，设置主轴速度为"5000"，进给率为"1500"，如图 2-14-35b所示，单击"确定"按钮。返回"面铣"对话框，再单击"生成"按钮，即可生成面铣刀轨，如图 2-14-36 所示。

图 2-14-32 "创建工序"对话框

2）深度轮廓加工。选择"创建工序"命令，在弹出的对话框中，单击"深度轮廓加工"按钮，单击"确定"按钮。在弹出的"深度轮廓加工"对话框中，单击选择要铣削的面，单击"进给率和速度"按钮，如图 2-14-37a 所示。在弹出的"进给率和速度"对话框中，设置主轴速度为"5000"，进给率为"1500"，如图 2-14-37b 所示，单击"确定"按钮。返回"深度轮廓加工"对话框，再单击"生成"按钮，即可生成深度轮廓加工的刀轨，如图 2-14-38 所示。

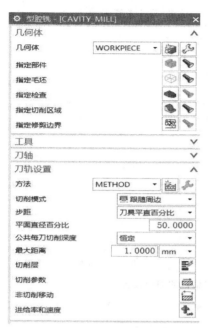

a) "型腔铣"对话框

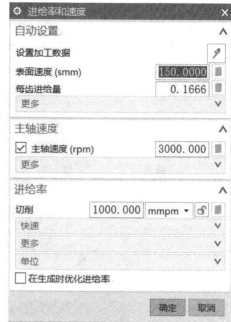

b) "进给率和速度"对话框

图 2-14-33　"型腔铣"对话框的刀轨设置

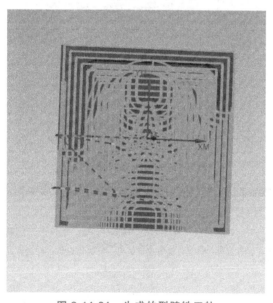

图 2-14-34　生成的型腔铣刀轨

3）固定轮廓铣。选择"创建工序"命令，在弹出的对话框中单击"固定轮廓"按钮，单击"确定"按钮。在弹出的"固定轮廓铣"对话框中，单击选择要铣削的面，驱动方法选择"跟随周边"，主轴速度为"5000"，进给率为"1500"，如图 2-14-39 所示，单击"确定"按钮。返回"固定轮廓铣"对话框，再单击"生成"按钮，即可完成固定轮廓加工的刀轨，如图 2-14-40 所示。

4）对图 2-14-2 所示模型进行整体仿真，结果如图 2-14-41 所示。

a) "面铣"对话框 b) "进给率和速度"对话框

图 2-14-35 "面铣"对话框的刀轨设置

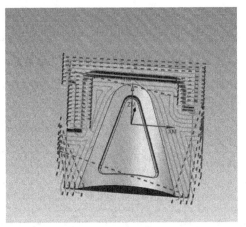

图 2-14-36 生成的面铣刀轨

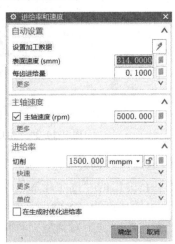

a) "深度轮廓加工"对话框 b) "进给率和速度"对话框

图 2-14-37 "深度轮廓加工"对话框的刀轨设置

188

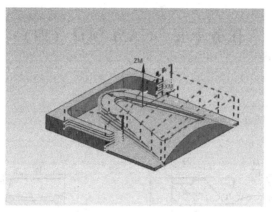

图 2-14-38 生成的深度轮廓加工刀轨

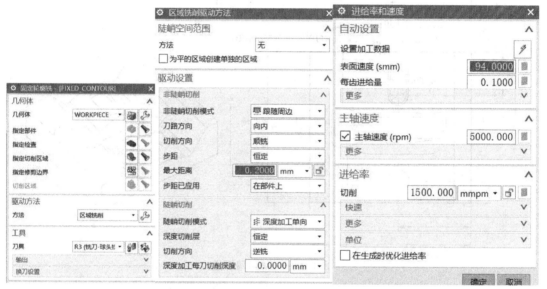

图 2-14-39 "固定轮廓铣"对话框的刀轨设置

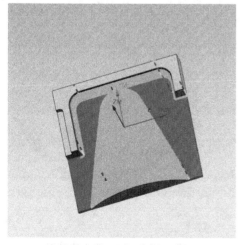

图 2-14-40 生成的固定轮廓铣刀轨

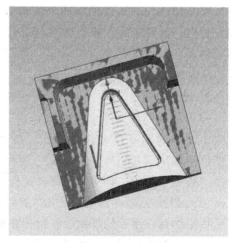

图 2-14-41 练习三模型仿真结果

任务十五 CAM 项目（四）

一、建模

练习四图样如图 2-15-1 所示。

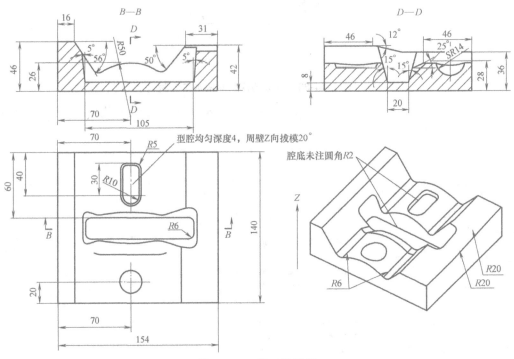

图 2-15-1 练习四图样

图 2-15-2 所示为练习四实体模型，下面介绍其设计方法和步骤。

1. 模型分析

图 2-15-1 所示零件模型的主体部分可通过拉伸、拔模、偏置曲面、修剪体等特征操作完成实体建模设计。难点在于参数较多，使用的命令较多，认真思考便可独立完成。

2. 设计过程

（1）创建部件文件 选择"新建"命令，系统弹出"新建"部件文件对话框。在"文件名"文本框中输入"lianxi4""单位"选择"毫米"，单击"确定"按钮，即可创建部件文件。

（2）创建底部 选择 XC-ZC 平面为基准平面，按图 2-15-3 所示的尺寸绘制拉伸建模的草图。选择"拉伸草图"命令，在弹出的"拉伸"对话

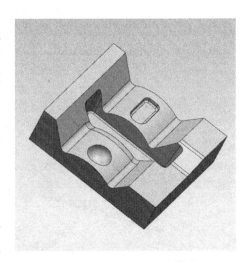

图 2-15-2 练习四实体模型

框中，设置"结束"方式为"对称值"，"结束"距离为"70"，布尔为"无"，单击"确定"按钮，拉伸建模后的实体如图 2-15-4 所示。

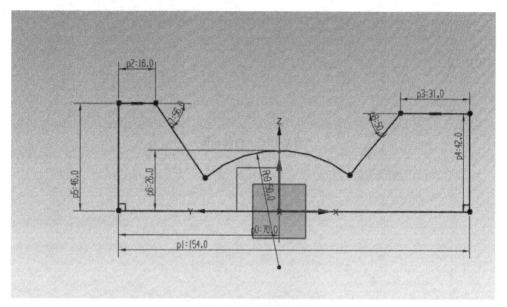

图 2-15-3　底部草图

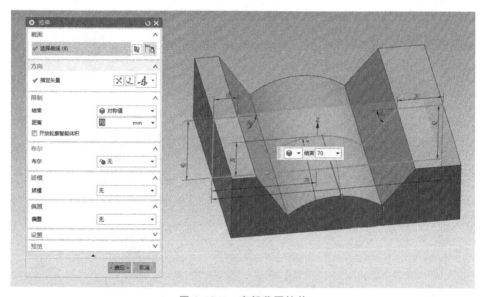

图 2-15-4　底部草图拉伸

（3）创建主体

1）选择 XC-ZC 平面为基准平面，按图 2-15-5 所示的尺寸绘制曲面的草图。选择"拉伸草图"命令，在弹出的"拉伸"对话框中，设置"开始"距离为"0"，"结束"距离为"105"，布尔为"无"，单击"确定"按钮，拉伸建模后的片体如图 2-15-6 所示。

2）选择图 2-15-6 所示的曲面来修剪主体，如图 2-15-7 所示。

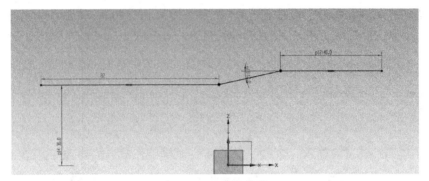

图 2-15-5　曲面草图

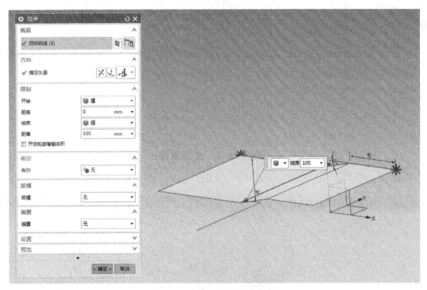

图 2-15-6　曲面草图拉伸

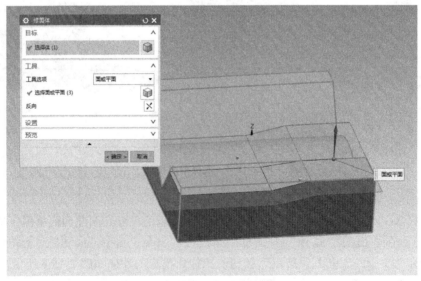

图 2-15-7　修剪主体

（4）创建凹槽

1）选择 YC-ZC 平面为基准平面，按图 2-15-8 所示的尺寸绘制草图。选择"拉伸草图"命令，在弹出的"拉伸"对话框中，设置"结束"方式为"对称值"，"结束"距离为"10"，布尔为"求差"，单击"确定"按钮，拉伸建模后的实体如图 2-15-9 所示。

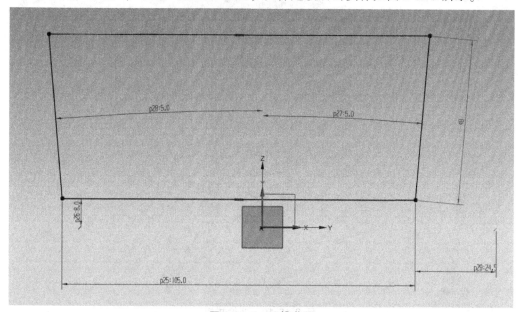

图 2-15-8　凹槽草图

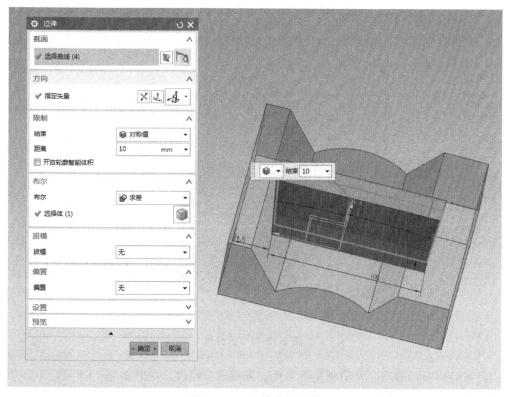

图 2-15-9　凹槽草图拉伸

2）拔模。选择凹槽的底面为固定面，选择凹槽的两个内腔侧面为要拔模的面，拔模角度为 15°，如图 2-15-10 所示。

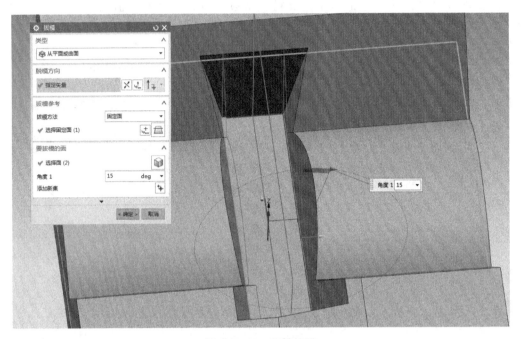

图 2-15-10　凹槽拔模

（5）凹槽的倒角

1）先进行拆分体，如图 2-15-11 所示。再选择拆分的平面为基准平面，按图 2-15-12 所示的尺寸绘制草图。

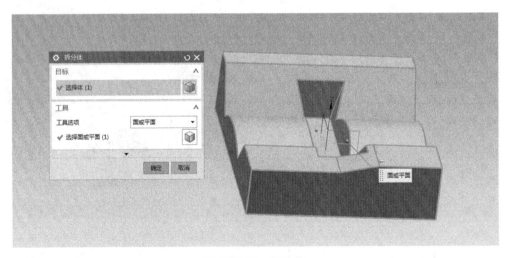

图 2-15-11　拆分体

2）在分析中，选择"简单测量"命令，测量两个短边，如图 2-15-13 所示，记录数据。

3）合并拆分体，如图 2-15-14 所示。

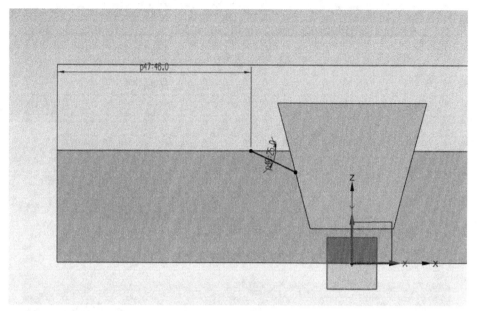

图 2-15-12　绘制草图

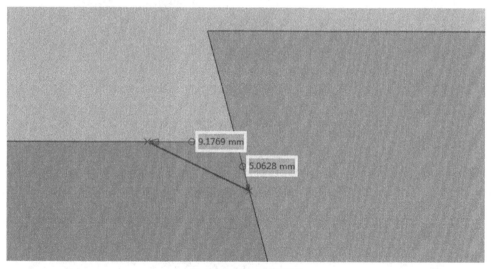

图 2-15-13　测量距离

4）按照图 2-15-15 所示数据进行倒斜角。

5）倒圆角。

如图 2-15-16 所示，选择图示的六条边，设置边倒圆半径为 6mm。

如图 2-15-17 所示，选择图示的四条边，设置边倒圆半径为 6mm。

如图 2-15-18 所示，选择图示的两条边，设置边倒圆半径为 20mm。

（6）创建腔体

1）选择 XC-YC 平面为基准平面，按图 2-15-19 所示的尺寸绘制草图。选择"拉伸草图"命令，弹出"拉伸"对话框，设置"开始"距离为"0"，"结束"距离为"90"，布尔为"无"，单击"确定"按钮，拉伸后的实体如图 2-15-20 所示。

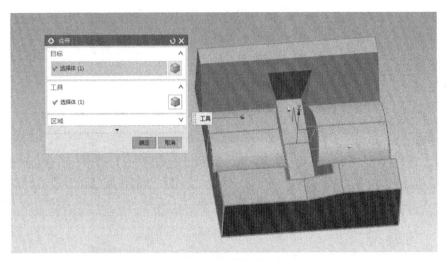

图 2-15-14　合并拆分体

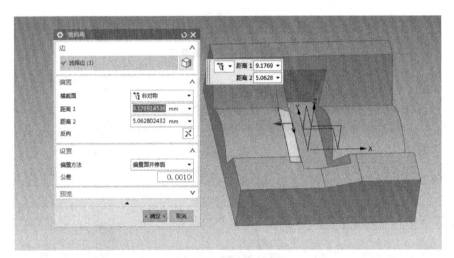

图 2-15-15　倒斜角

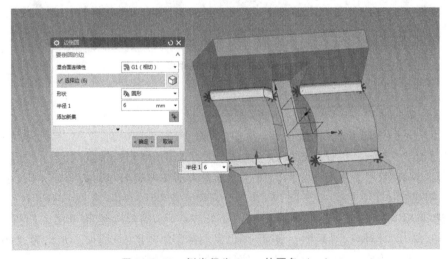

图 2-15-16　倒半径为 6mm 的圆角（一）

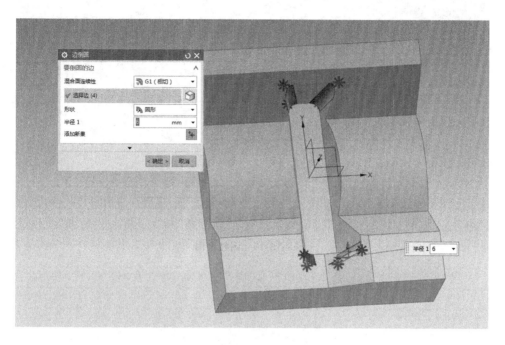

图 2-15-17　倒半径为 6mm 的圆角（二）

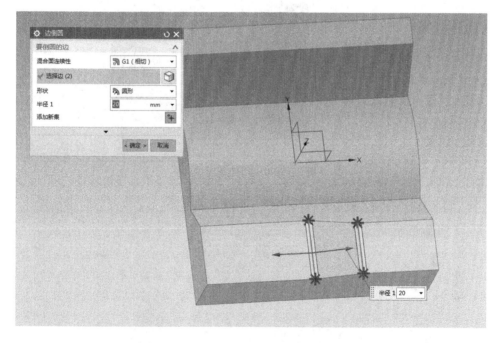

图 2-15-18　倒半径为 20mm 的圆角

2）偏置曲面。偏置距离为 4mm，如图 2-15-21 所示。

3）偏置基准平面。选择 XC-YC 平面进行偏置，偏置距离为 28mm，如图 2-15-22 所示。

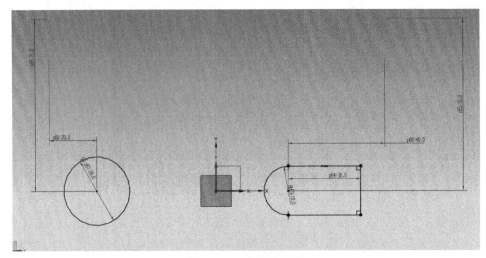

图 2-15-19　圆柱草图

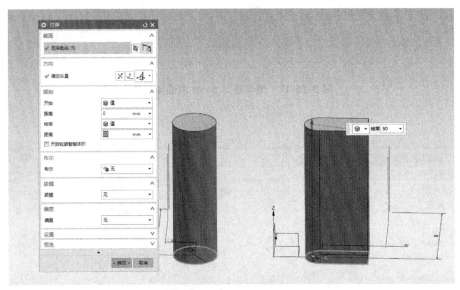

图 2-15-20　圆柱草图拉伸

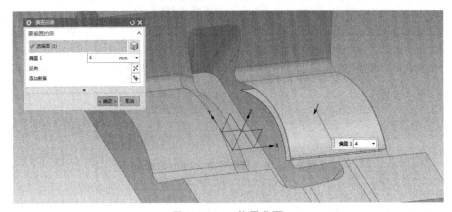

图 2-15-21　偏置曲面

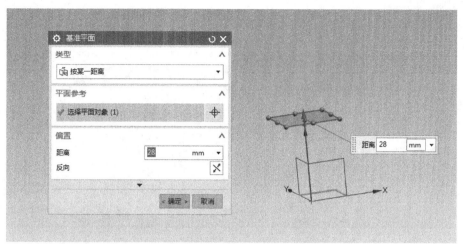

图 2-15-22 偏置基准平面

4）选择圆柱 1 为要修剪的体，选择偏置基准平面为修剪的曲面，如图 2-15-23 所示。再选择"球"命令，弹出"球"对话框，设置"类型"为"圆弧"，布尔运算为"求和"，单击"确定"按钮如图 2-15-24 所示，增加球。

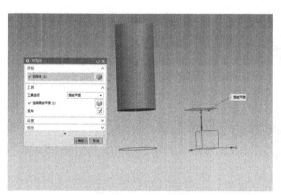

图 2-15-23 修剪圆柱 1

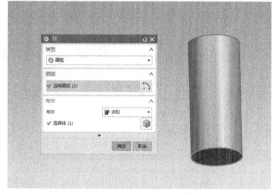

图 2-15-24 增加球

5）选择圆柱 2 为要修剪的体，选择偏置曲面为修剪的曲面，如图 2-15-25 所示。

6）求差。选择主体为目标，选择两个圆柱为工具进行求差，如图 2-15-26 所示。

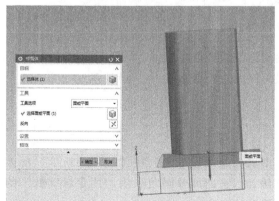

图 2-15-25 修剪圆柱 2

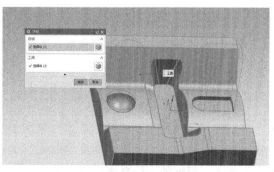

图 2-15-26 求差

7）倒圆角。如图 2-15-27 所示，选择图示的边，设置边倒圆半径为 5mm。

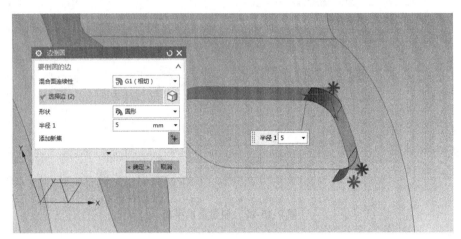

图 2-15-27　倒半径为 5mm 的圆角

8）拔模。选择上表面为固定面，选择腔体内侧面为要拔模的面，拔模角度为 20°，如图 2-15-28 所示。

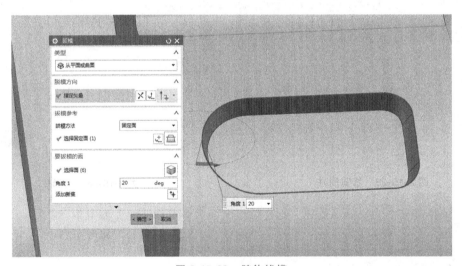

图 2-15-28　腔体拔模

9）如图 2-15-29 所示，选择图示的边，设置边倒圆半径为 2mm。

（7）整理图形　将基准及曲线等隐藏，最终完成的模型如图 2-15-30 所示。

二、加工

1. 加工分析

型腔部分采用"型腔铣"的方法来加工；上表面及底面平面利用"边界面铣削"的方法来加工；侧壁部分采用"深度轮廓铣"的方法加工；曲面及圆角采用"固定轮廓铣"的方法加工。根据加工特点制订加工工序卡，见表 2-15-1。

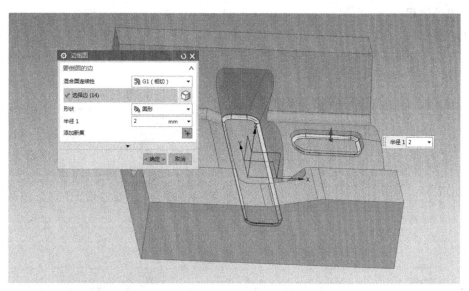

图 2-15-29　倒半径为 2mm 的圆角

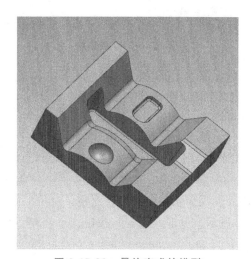

图 2-15-30　最终完成的模型

表 2-15-1　加工工序卡

工步内容		加工方法	选用刀具	切削方式	步距	切削用量		
						每刀切削深度/mm	转速/(r/min)	进给速度/(mm/min)
加工工件	粗加工	型腔铣	φ16mm 平底立铣刀	跟随周边	刀具直径50%	1	4000	1500
	精加工	边界面铣削	φ8mm 平底立铣刀	跟随部件	刀具直径75%	—	5000	1500
	精加工	固定轮廓铣	R3mm 球头铣刀	跟随周边	恒定 0.2mm	—	5000	1000

2. 设计过程

（1）创建块　选择"应用模块"→"冲模工程"→"块"命令，弹出"创建方块"对话框，设置四周间隙为"0"，单独将上表面间隙设置为"1"，毛坯为 154mm×140mm×47mm 的精毛坯，如图 2-15-31 所示。

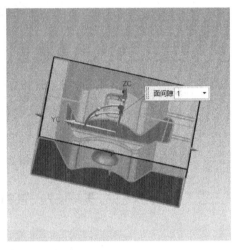

图 2-15-31　创建块

（2）设置加工环境　选择"应用模块"→"加工"命令，弹出"加工"对话框，默认设置，单击"确定"按钮，完成加工环境设置。

（3）创建刀具　单击"创建刀具"按钮，在"子类型"区域中单击"mill"按钮，"名称"输入"D16"，其他选项保持默认，单击"应用"按钮。弹出"铣刀-5 参数"对话框，输入直径为 16mm 的平底立铣刀的相关参数，如图 2-15-32 所示，单击"确定"按钮，完成第一把刀的创建。

同理，创建 ϕ8mm 的平底立铣刀，名称为"D8"，如图 2-15-33 所示；创建 R3mm 的球头铣刀，名称为"R3"，如图 2-15-34 所示。

（4）创建几何体

1）在几何视图中，打开工序导航器的折叠框，双击"MCS MILL."，单击"应用"按钮，弹出图 2-15-35 所示的"MCS 铣削"对话框，选择"自动判断"，将加工坐标系选择到毛坯上表面的中点，如图 2-15-36 所示。连续单击两次"确定"按钮，返回"创建几何体"对话框。

2）双击工序导航器中的"WORKPIECE"按钮，弹出"铣削几何体"对话框，指定部件及毛坯，单击"确定"按钮，如图 2-15-37 所示。

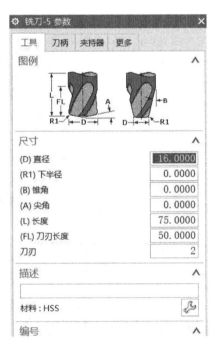

图 2-15-32　创建 ϕ16mm 平底立铣刀

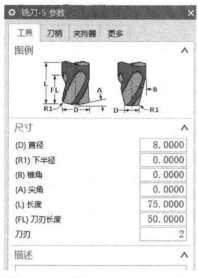

图 2-15-33　创建 φ8mm 平底立铣刀

图 2-15-34　创建 R3mm 球头铣刀

图 2-15-35　"MCS 铣削"对话框

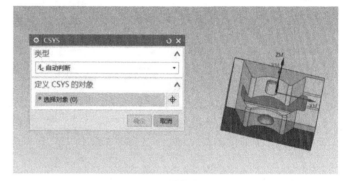

图 2-15-36　选择加工坐标系

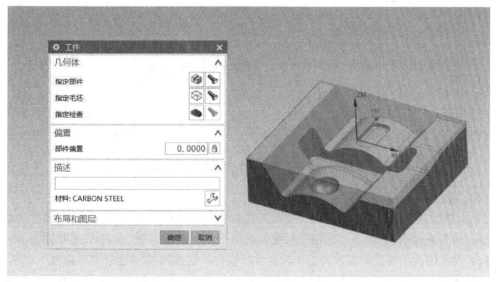

图 2-15-37　指定部件及毛坯

（5）创建工序

1）选择"插入"→"工序"命令，弹出"创建工序"对话框，在工序子类型中选择第一个按钮"CAVITY-MILL"，在位置程序中选择"NC-PROGRAM"，刀具选择"D16"，几何体选择"WORKPIECE"，单击"确定"按钮，如图 2-15-38 所示。

2）在弹出的"型腔铣"对话框中的刀轨设置中，输入切削模式为"跟随周边"，步距为刀具直径50%，公共每刀切削深度为"恒定"，最大距离为"1"，如图 2-15-39a 所

图 2-15-38 "创建工序"对话框

示，单击"进给率和速度"按钮。在弹出的"进给率和速度"对话框中，设置主轴速度为"4000"，进给率为"1500"，如图 2-15-39b 所示。返回"型腔铣"对话框，单击"生成"按钮，刀轨如图 2-15-40 所示。

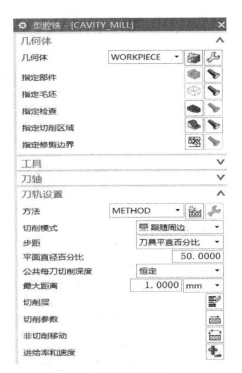

a）"型腔铣"对话框

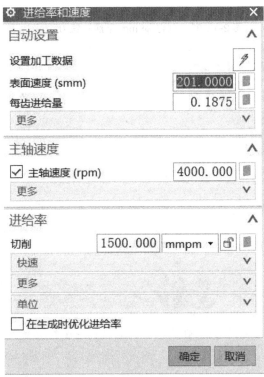

b）"进给率和速度"对话框

图 2-15-39 "型腔铣"对话框的刀轨设置

（6）精加工

1）面铣削区域加工。单击"加工视图"按钮，选择"创建工序"命令，在弹出的对话框中选择"边界面铣削"。单击"应用"按钮，弹出"面铣"对话框，参数设置如图 2-15-41a 所示，选择要铣削的平面，单击"进给率和速度"按钮。在弹出的"进给率和速度"对话框中，设置主轴速度为"5000"，进给率为"1500"然后单击"确定"按钮，如图 2-15-41b 所示。返

回"面铣"对话框，再单击"生成"按钮，刀轨如图 2-15-42 所示。

2）固定轮廓铣。选择"创建工序"命令，在弹出的对话框中单击"固定轮廓铣"按钮，单击"确定"按钮。在弹出的"固定轮廓铣"对话框中，单击选择要铣削的面，驱动方法选择"跟随周边"，主轴速度为"5000"，进给率为"1000"，如图 2-15-43 所示。单击"生成"按钮，即可生成固定轮廓加工的刀轨，如图 2-15-44 所示。

3）对图 2-15-2 所示模型进行整体仿真，结果如图 2-15-45 所示。

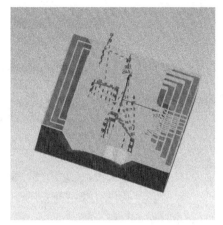

图 2-15-40　生成的型腔铣刀轨

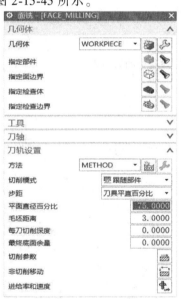

a)"面铣"对话框

b)"进给率和速度"对话框

图 2-15-41　"面铣"对话框的刀轨设置

图 2-15-42　生成的面铣刀轨

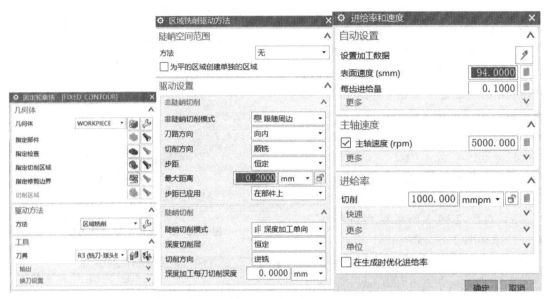

图 2-15-43　"固定轮廓铣"对话框的刀轨设置

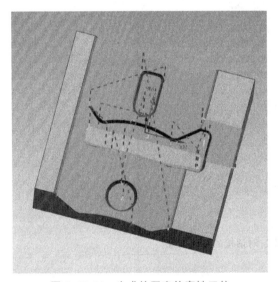

图 2-15-44　生成的固定轮廓铣刀轨

图 2-15-45　练习四模型仿真结果

附　　录

附录 A　华中系统和 FANUC 系统指令对照表

指令	华中数控系统指令含义	FANUC 系统指令含义
G00	快速定位	快速定位
G01	直线插补,倒角加工	直线插补
G02	顺时针圆弧插补	顺时针圆弧插补
G03	逆时针圆弧插补	逆时针圆弧插补
G04	暂停	暂停
G10		数据设定
G11		数据设定取消
G17		XY 平面选择
G18		XZ 平面选择(默认)
G19		ZY 平面选择
G20	英制(in)	英制(in)
G21	公制(mm)	公制(mm)
G22		行程检查开关打开
G23		行程检查开关关闭
G25		主轴速度波动检查关闭
G26		主轴速度波动检查打开
G27		返回参考点检查
G28	返回参考点	返回参考点
G29	由参考点返回	
G30		返回第二参考点
G32	螺纹切削	螺纹切削
G36	直径编程	
G37	半径编程	
G40	取消刀具半径补偿	取消刀具半径补偿
G41	刀具半径左补偿	刀具半径左补偿
G42	刀具半径右补偿	刀具半径右补偿
G50		设定工件坐标系/主轴最高转速

（续）

指令	华中数控系统指令含义	FANUC 系统指令含义
G54	第一工件坐标系设置	第一工件坐标系设置
G55	第二工件坐标系设置	第二工件坐标系设置
G56	第三工件坐标系设置	第三工件坐标系设置
G57	第四工件坐标系设置	第四工件坐标系设置
G58	第五工件坐标系设置	第五工件坐标系设置
G59	第六工件坐标系设置	第六工件坐标系设置
G65		宏程序调用
G66		宏程序模态调用
G67		宏程序模态调用取消
G70		精车循环
G71	外圆/内孔粗车循环	外圆/内孔粗车循环
G72	端面粗车循环	端面粗车循环
G73	闭环车削复合循环	固定形状粗车循环
G76	螺纹切削多次循环	螺纹切削多次循环
G80	外径/内径车削循环	钻孔固定循环取消
G81	端面车削循环	
G82	直/锥螺纹切削循环	
G83		端面钻孔循环
G84		端面攻螺纹循环
G86		端面镗孔循环
G87		侧面钻孔循环
G88		侧面攻螺纹循环
G89		侧面镗孔循环
G90	绝对编程	外径/内径车削循环
G91	相对编程	
G92	工件坐标系设定	螺纹切削循环
G94	每分钟进给	端面车削循环
G95	每转进给	
G96	恒线速控制设置	恒线速控制设置
G97	恒线速控制设置取消	恒线速控制设置取消
G98		每分钟进给
G99		每转进给

附录 B　机械加工工艺过程卡片

机械加工工艺过程卡片		产品型号		零件图号			
		产品名称		零件名称		共　页	第　页

| 材料牌号 | | 毛坯种类 | | 毛坯外形尺寸 | | 每毛坯件数 | | 每台件数 | | 备注 | |

工序号	工序名称	工序内容	车间	工段	设备	工艺装备（夹具）	工艺装备（刀具）	工艺装备（量具）	工时（准终）	工时（单件）

				设计（日期）	校对（日期）	审核（日期）	标准化（日期）	会签（日期）

标记	处数	更改文件号	签字	日期	标记	处数	更改文件号	签字	日期

参 考 文 献

［1］ 顾京. 数控机床加工程序编制 ［M］. 4 版. 北京：机械工业出版社，2009.

［2］ 钱冬冬. 实用数控编程与操作 ［M］. 北京：北京大学出版社，2007.

［3］ 徐宏海. 数控加工工艺 ［M］. 北京：化学工业出版社，2008.

［4］ 袁锋. 全国数控技能大赛精选 ［M］. 北京：机械工业出版社，2005.

［5］ 艾兴. 切削用量简明手册 ［M］. 北京：机械工业出版社，1993.

［6］ 展迪优. UG NX10.0 数控编程教程 ［M］. 北京：机械工业出版社，2015.